你人生的
黄金阶段

童 路 ◎ 著

北京工艺美术出版社

图书在版编目（CIP）数据

你人生的黄金阶段/童路著. — 北京：北京工艺美术出版社，2017.6
（励志·坊）
ISBN 978-7-5140-1204-0

Ⅰ.①你… Ⅱ.①童… Ⅲ.①人生哲学－通俗读物 Ⅳ.①B821-49

中国版本图书馆CIP数据核字（2017）第030003号

出 版 人：陈高潮
责任编辑：陈宗贵
封面设计：天下装帧设计
责任印制：宋朝晖

你人生的黄金阶段
童 路 著

出　版	北京工艺美术出版社
发　行	北京美联京工图书有限公司
地　址	北京市朝阳区化工路甲18号 中国北京出版创意产业基地先导区
邮　编	100124
电　话	（010）84255105（总编室） （010）64283630（编辑室） （010）64280045（发　行）
传　真	（010）64280045/84255105
网　址	www.gmcbs.cn
经　销	全国新华书店
印　刷	三河市天润建兴印务有限公司
开　本	710毫米×1000毫米　1/16
印　张	18
版　次	2017年6月第1版
印　次	2018年6月第2次印刷
印　数	1～6000
书　号	ISBN 978-7-5140-1204-0
定　价	39.80元

不负当下，不惧未来

003	享受当下的每一个努力时刻
008	世界也许冰冷，但你也要热气腾腾
011	不诉苦也是一种大智慧
015	不必恐慌，你大可为了梦想而去奋斗
020	别把你的梦想只是挂在墙上
024	与其害怕不如努力
028	谁都曾脆弱，谁都在坚强
034	除了包包，你的人生还有世界
039	自律是自由的另一张面孔
044	与其害怕没有爱情，不如多攒点面包
048	遵从内心，不负努力
054	活在当下是最好的人生姿态
057	成熟的标志就一定是能够控制自己的情绪
060	不要把最好的时光拿来杞人忧天
063	认清你是谁，再考虑往哪里走

时间最美，品味生活

073　人的一生，就是一场体验

078　生活随处都有快乐

083　生活不容敷衍

087　幸福很简单，积极乐观就好

090　生活需要你少些沮丧和害怕，多些用心和努力

093　品味细小生活

096　让你的生活慢一些

101　别让那些心心念着的离你越来越远

106　平淡的生活也有鲜艳的色彩

108　你需要懂得及时止损

111　现有的生活也有小幸福

114　让你的生活有温度些

119　生活值得你去静静品味

123　珍惜眼前的一切小确幸

125　别忘了除了工作，你还有生活

128　我们都在过小生活

132　不要因为那些不重要的人忘记了最重要的事

138　别让自己脱离了生活

岁月悠长，不移真心

- 143　不忘初心，方能行走有力
- 149　你之所以烦恼是因为你嘴太碎了
- 153　人生很短，学会爱自己
- 158　别问事情结果如何，努力就可以了
- 161　活得简单也是一种难得的能力
- 163　别把你的人生弄巧成拙了
- 165　最好的温柔来自内心的坚强
- 170　因为你，我成了更好的自己
- 176　健康的身体是你最大的资本
- 181　最高的交往始于真诚
- 185　热爱生活，热爱这个世界
- 193　在焦躁的岁月里我们要学会沉淀
- 195　岁月漫长，爱你如初
- 202　最暖人的心是你的关心
- 204　守住宁静的心，不恋悲伤
- 206　生活也许没我们想象得美好，但它也不太糟

心有宁静，行动有猛

- 211　最有意义的时光就是你每一次的努力
- 216　你越努力，你的选择也就越多
- 220　人生有无数种可能，你要一一去尝试
- 224　内心富足比什么都重要
- 227　人生就是一场自我修行的过程
- 231　努力的人，内心都很平静
- 235　能力提升了，机会也就多了
- 237　想要不糟糕的人生，你就得每天有进步
- 241　谁的青春不曾烦恼
- 244　普通人也能有独一无二的人生
- 248　想要活得游刃有余，你得学会聆听
- 254　与其自寻烦恼，不如听从内心
- 259　真正的魅力始于你的努力
- 262　最安静的那个，也许就是最有实力的那个
- 266　别让你的散漫负了这大好奋斗时光
- 270　没有那么多来不及，你只要珍惜现在就好
- 273　你的孤单是因为你缺乏对生活的自控
- 278　放下你的浮躁不安，努力做好你现在做的事再说

不负当下，
不惧未来

无须着急，
　不要落寞，
　　相信我，
　　　现在就是最好的时光，
　　　只要你是在路上。

享受当下的每一个努力时刻

某一天的中午，我站在一个咨询工作室的门口痛苦徘徊，因为我约的咨客马上就要到了，但是咨询室的门却关着。我站在门口按了几遍门铃，无人应答，我打了几通电话给工作室的两位负责人，无人接听。我猜想他们都不在工作室，这让我感到万分焦虑紧张，迅速调动起自己的脑细胞，想着如何解决这个问题。想起自己曾经用过的另一个咨询工作室，悲催的是我没有存下他们的联系方式，不过没关系，我收到他们宣传活动的微信，上面有联系方式。于是我迅速地找到了电话，预约了时间和场地，比之前我和咨客约的时间晚了一个小时，我心里想：只能这样的了，总比没有强吧。接下来我又打电话给在路上的咨客，跟她谈时间和场地变更的问题，她此刻正在出租车上。我挂了电话，走出小区，正准备往另一个场地赶，工作室的一个负责人回我电话，说工作室里有人，但因为在咨询无法给我开门，让我在门口等十几分钟。于是我打电话给我的咨客重新确定场地，然后打电话取消之前的场地预约……

当这些事情完成之后，所有的纷乱尘埃落定，我长呼一口气。咨客还没有到，门也没有开，我站在工作室门前耐心又安心地等待着。我有几分钟安静思考的时间，想到的是：我工作真是努力和辛苦啊！我沉溺于那片刻的自我陶醉中，可脑中另一个声音想起：你放屁，你哪里是努力，你分明是愚蠢和无能！如果不是你忘记提前电话预约，他们怎么会关门，你又怎么会如此狼狈？

如果那天我早一点起床，然后打电话预约场地和时间，我就不会在匆忙中赶到工作室，然后遇到这一系列的麻烦。我所谓的努力和辛苦其实是完全可以避免的，只要我事先打一个电话就行了。

我所谓的"努力"，只是因为我自己做事情缺乏条理而导致的一系列溃败后采取的补救措施而已，这有什么值得我自我感动和肯定的呢？

我意识到这是我过去生活中诸多事情的一个缩影：我误以为那些使自己遭受了一些痛苦但对结果没有帮助的行为就是"努力"。这于我而言真是一个巨大的顿悟，让我忽然明白了许多之前无法想通的事情。

几个月前有一个编辑向我约稿，那是一套青少年丛书的序言，有8本书要写8篇序言。写作之前我们简单沟通了下写作的方向，即多多挖掘主人公身上的美好品质。3个多月后，我将自己辛苦工作后的成果8篇序言发给编辑。他读过之后，觉得书评的质量和选取的视角等方面离他的要求还有距离，发给我几篇序言做参考，提出了修改意见。因为对方提出的修改意见不够具体，我评估之后，感觉要修改的地方有很多。而且稿费支付、图书出版等时间难以确定，我无法接受。于是，我决定终止写序言的工作，8篇稿子作废，之前所有的辛苦付出全部如流水。

当时我想，为什么我这么"努力"，结果却如此不好？后来我想明白了，是我自己的问题。当编辑和我说"要写几篇很好的序言""要挖掘主人公身上的美好品质"时，我没有进行具体化的沟通，没有进一步询问对方"如何才能算是好序言""主人公身上的哪些品质可以深入挖掘"。如果我提前进行了更具体的沟通，对方就会在我动笔写作前，将他觉得达到自己要求的好序言发给我做参考，而不是在我写完之后。如果我在完成第一篇序言时就发稿子给对方审阅，那我就能够及时知道自己在工作上的问题，也不会将问题进一步扩大，导致后面无力解决。

这两件事都让我看到我是怎样把自己的愚蠢、无知、无意义无价值的消耗当成所谓的"努力"。

其实发生在我身上的事情并不是特例。

有个网友曾发微博私信问我：为什么我这么努力，总是经历一次又一次的失败？我四级考了两次都没有通过，这次第三次考试的结果出来了，还是没有通过。我之前考一个会计上岗证也是这样，我每天很努力但却没有多大提高。我这么努力，为什么就不能有收获？我问他：你怎么努力的？他说：别人在玩的时候，我天天在自习室里学习，每天早出晚归。

我觉得他说的事情很诡异，明显违背因果规律，跑到他的微博上浏览一番，很快就找到了答案。他的前一条微博说：我来到自习室学习啦！接下来的每一个时段，他都转发了各种搞笑的段子和一些其他微博。我想起他还经常到我微博上点赞和留言。于是，我脑中浮现的画面就是：他一天在自习室的学习其实都是拿着手机在刷朋友圈刷微博，在点赞和转发。这种他所谓的努力，其实只是看起来很努力而已，并没有真正努力到点子上。

我最近收到了另一封邮件："我是一个每天都很忙很忙的人，因为我觉得自己有好多事情要做，想珍惜每分每秒充实自己，大学期间，不逃课，课余时间去图书馆看书，或者去做兼职，很少和朋友出去玩，大家觉得去娱乐场所很有趣，而我就会感到非常无聊，备感压抑，觉得这就是浪费时间。而我呢，整天脑袋昏昏沉沉，读书也读不进去，听课也听不进去……只有我知道根本原因，就是我压根就没学进去……而在老师同学面前，我是个非常刻苦的好学生，而只自己才知道我就是个伪好学生……考研复习期间也是心情压抑，一点都学不进去，整半天是自己骗自己。"

这让我想起一个朋友，他在一家单位上着班，同时自己正在创业，做一家小型软件公司。他一天到晚非常忙碌，每次朋友聚会，总见他在不停地打电话，接电话。他觉得自己在职场上很努力很拼搏，而我们这群熟悉他的朋友则将他的这种努力命名为"瞎搞"。他生活中非常典型的事件是这样的：跟客户见面开会，谈论软件开发的需求，由于开会之前他没有看客户发来的资料，再加上在开会时没有认真听取客户的意见，理解客户的需要。回去之后，他让手下员工做出来的产品离客户的需要差距很大。然后，客户进行投诉，他这边骂员工，那边给客户道歉，要求宽限项目周期……他的生活总是如此循环反复。他的创业公司刚开始拥有的客户还很多，现在一个又一个的客户都不再与他合作了。

最近听说他短短一个月搬家三次，还因为很小的事情跟某个装修公司打起了官司。我问一个朋友：他不是很忙吗？怎么还有时间折腾这些啊？朋友回答：有的人因为自身无能，所以要折腾出很多的事情让自己去忙碌，用来增加自己那可怜的自我价值感，同时得以忘记和逃避自己的无能。

这回答真是太犀利了！

我想起了自己学习英语的事情。有一天我在家收拾床头的橱柜，发现了好几本笔记本，每一本里都记满了英语单词、短句还有语法知识，笔记记得整洁又认真，接着我想起自己曾经还记过类似的几大本有关英语学习的笔记，然后我整个人就不好了……为什么我这么努力记笔记，却学习不好英语？带着这样的疑问我继续走在学习英语的这条不归路上。

一天晚上，我在背雅思英语单词，男朋友忽然和我说：别背了，你根本就没有用心学，在自欺欺人罢了！这句话像电流一样穿过我的全身，也让我瞬间找到了"为什么我这么努力，却学习不好英语"的答案。其实我也不是真的很努力，我只是一个劲地做英语学习的笔记，但从来都不会翻看自己做过的笔记；我听各种各样的听力材料，但从来不会听一个材料重复三遍以上；我背诵单词，但总是三天打鱼两天晒网……我所谓的努力学习其实只是为了告诉自己和别人：你看，我有在努力呢！

在我们身边，总有一些笔记做得非常认真，但是学习效果并不理想的人；总有一些在图书馆"努力"学习了一天又一天，但是该不通过的论文和考试还是不通过的人；总有经常出入健身房，但是一点锻炼结果都没有展现的人……并不是他们太笨，而是因为他们的努力并不是真正的努力，他们要么没有选择在正确的方向上坚持行动，要么只是看起来努力，采用无效的努力方式，没有做到专注和用心。比如，看起来那么早去自习的人，却只是拿着手机点了无数个赞；看起来在图书馆坐了一天，却真的只是坐了一天用手机看玄幻小说……他们同我一样，把自己的愚蠢，自欺欺人，无意义无价值的消耗当成了努力。

看到有些人夸耀自己的努力拼搏，什么天天只呆图书馆，熬夜看书到天亮，多久没有放假休息……其实如此痛苦的努力并不值得夸耀，而是需要严肃地审视。那些所谓的艰苦努力，是否是你的愚蠢，你的自欺欺人，你的无意义无价值的自我消耗？这是我们教育的误区，以为时间的投入必然带来成功，我们鼓吹艰苦奋斗，提倡的努力模式也是"今天痛苦，明天就幸福"，什么"十年寒窗苦""吃得苦中苦，方为人上人""学海无涯苦作舟""梅花香自苦寒来"……但是如果没有在正确的方向上，以有效的方式努力，那所有的吃苦就是浪费时间浪费生命。

那些真正努力的人，也许并没有这么勤奋，也不用过得那么痛苦，因为他们并不期待短期努力即刻就有巨大的回报。他们选择了一个正确的方向，以专注和热情持续地浇灌，以一种正确的、智慧的方式缓慢但平和地前进着，他们可以一边努力着一边享受着当下的生活。他们所有的努力，都不是给别人看的，而是为了自己内心真正的追求。而这些有价值的努力，也一点一滴真正到达了他们的内心，变成了他们真正的能力。

世界也许冰冷，
但你也要热气腾腾

小时候，村里来了一位先生。他跟我妈说："你的女儿，脚野，必将与你千里之外。"我记得，先生刚说完，我妈就哭了，那是以后要隔得远远的，见不着女儿啊。

我听到这个预言反而很开心，因为我迫不及待地想要离开那个小村庄，去外面的世界看一看。我后来去了小城读书，又来了北京读书，这几年脚丫子也踏过了好几个国家。总之，我始终觉得父母还年轻，这些年我似乎从来没有真正想过家。

又是一年中秋，一个团圆的日子，我还是没能陪在父母的身边。但是今天跟妈妈打电话时，我居然有些想她。

从外出求学时候起，就背上行囊，背井离乡。但那时候，我还不懂得远行的意义，一心只想逃离，去看外面的风景。没想到，后来成了一个回不去的人。

刚毕业的几年，父母还跟我讲，邻居跟我一边大的女孩儿离家近，中秋都可以回来陪父母。言语中，我听到了他们的失落。但失落归失落，妈妈显然还是站在我的立场上原谅我没回家。言外之意是因为我隔着远，所以可以不回家。

其实，从北京到山东老家，坐高铁也不过3个小时。

上学时，我有借口，回家车票不好买还贵，那时候没钱，父母理解我。

刚毕业的时候,我也有借口,因为自己挣钱少,还是没钱,所以中秋不能回家陪父母。后来毕业几年,有钱了,我没有男朋友,不愿意听父母和邻居唠叨,所以我还是不回家。再后来,我依然不回家,理由是因为一个人待着习惯了。

曾经有一年春节,我一个人背上行囊去了尼泊尔。那时候,我以为自己年轻,一定要多去外面的世界看一看。而回家,实在找不到什么乐趣。乡里乡亲的那些话题,我觉得非常无聊。

父母一向很开明,他们曾经说:海阔凭鱼跃,天高任鸟飞。但是,那个跨年夜,我妈听着我在外面和别人一起过年的声音,她又哭了。她说,她已经63岁了。我那年还是少年不识愁滋味,还是不知离乡之苦。我没有读懂母亲的心愿。

中国人的故乡是世俗的、道德的,弥漫着亲情、风尘和乡村的气息。记忆中,那里没有工业文明的喧嚣,没有欲望的蒸腾,没有赤裸裸的争夺,没有明晃晃的仇恨,只有宁静。在宁静的田园里,自然、心灵、人,一切都是和谐的,充满了情意,像一首纯洁的诗。

我们这代人,其实挺特别,大部分80后在十八九岁甚至十五六岁的时候,就开始踏上了背井离乡的路。上大学的城市,似乎顺理成章就成为了自己的第二故乡。在外漂泊久了,乡愁就渐渐淡了,淡到几乎被遗忘,甚至倏然提起,竟觉得有些不正常。

在强大的生存压力下,我们学会了快速自愈,像身体的白细胞抵御流行性病毒一样,我们用假装平静来麻痹自己思念故乡的肿胀。我们貌似日子过得充实,貌似在享受着生活的乐趣,貌似在过着平凡美好的时光。然而,某一个时刻,某一句话,某一个画面,也许就会让我们紧绷的神经崩盘,让我们号啕大哭。

没错,其实我们只是看起来很冰冷,很坚强。

背井离乡之路，会很难回头，这是一条需要一个人独自走很久很久的夜路。也许需要一个人走过很多很多个孤独的月缺月圆，从没心没肺，到心如刀割，到泪流满面，到如坐针毡。可能这也是一条看起来很美的路，因为每个为梦想挥洒过汗水的人，都或长或短，或深或浅地品尝过这种滋味。

团圆的日子，能跟家人相守在一起，自然是最最美好的愿望。可是，如果此刻你依然是孤独一人身在他乡，无论你眼下正在发生或者经历什么，无须着急，不要落寞，相信我，现在就是最好的时光，只要你是在路上。

不诉苦也是一种大智慧

有时候人真的很奇怪，你会忘掉很多重要的事情，却会对某些片段、某些场景、某些无关紧要的人记得特别清楚。

我现在时常会想起那个开发廊的南方女孩。

最开始，她的发廊开在我家小区的胡同口，发廊不大，老板就是她和她的妹妹，另外雇了几个打下手的服务员，来的也都是周边的熟客。

她的手艺很好，尤其是盘发和编发，只要是你能想象出来的发式，她都能做。那些在别家店死活都弄不好的发型，在她那里十分轻松地就能做出来。那几年，我每次洗完头都要去店里让她帮我弄头发，渐渐地熟悉了起来。

我这个人属于比较慢热的人，不太习惯和陌生人搭讪，但我挺喜欢和她聊天。因为她从不像某些生意人那样巧舌如簧地给你推销，或者虚头巴脑地忽悠你，她总是温柔而清淡的，实事求是地给你各种美发建议，或者聊上几句家常，不会因过度的热情让客人难受，也不会叫人觉得傲慢。

在那些早早就出来打工的女孩子当中，这样性格的人是很少见的。她或许也没多少知识，没受过多少教育，只是她天然就是这样踏实肯干，还内敛不张扬，让她像一株生命力强大的植物，从温暖的南国，移植到了极寒的北国，依然活得葱郁而茂盛。

几年过去，她的发廊生意越来越好，钱赚多了，生意也随着扩张，她租了一处很大的门面，由小发廊变成了现代造型室，还在附件的商城开了一家服装加盟店，由她老公打理。

恰好，她新开的造型室在我单位附近，对我还是很方便，我还是几乎每周都要去一次。

这种雇了十多个员工的店算是不小的店了，一个外地姑娘，一点根基都没有，要做下来有多难可想而知。我就曾经亲眼看过有的人来找麻烦，她和老公好话说尽，奉上了几条烟才算把那些人请走。

还有一个经常来的熟客，做一个很简单的头型，只是要求特别高，每次都要做半个小时左右，一会这里高了，一会那里低了，挑剔得要命，她都十分耐心。客人走了我十分想帮她说说，她却总是笑笑，不说什么。

有一次，我来做头发，聊天的时候，她说："前几天你有个朋友来烫头，说你是推荐她来的。"

我很清楚我那个朋友的性子，比较小气，特别爱讲价，什么价格都拦腰砍一半，老板不同意，就死磨，能磨一天。我都不怎么敢和她一起逛街，很容易被骂的。于是我问："她是不是要求你便宜点了？"

她笑了笑说："是的。"她这里一贯是明码标价，任何人都是一个价，除非是部分熟客可以赠送一点产品，去之前我提前和朋友打过招呼了。

我有点不好意思，"她就是比较喜欢讲价。"

她笑："是和你不太一样。"还是不会讲她们之间到底发生了什么。

她从不抱怨，从不。

我见过有些店的老板，客人一坐下来就是甜言蜜语，然后客人一走就评头论足，讲人家这里不好，哪里不对，撇嘴、翻白眼，十分叫人厌恶。她永远不会这样，再难缠的客人也都平和应对，实在讨厌这个人，她会不再和她讲话，默默地走到一边。

开服装店生意不景气，连续亏损，不得已只能关掉，她也只是说："这一年的钱亏掉了，明年要更努力才是。"

手下的服务员有了什么差错，她也会批评，但永远是就事论事，从不扯东扯西，不会像某些个体老板那样，觉得自己对手下的员工有生杀予夺的大权，别人必须对自己进行顶礼膜拜，而自己则有资格随时进行侮辱和嘲弄。

以前我觉得她这样只是会做生意，正所谓和气生财，打开门做生意的人就是得能忍能让，才能有回头客，有好口碑。认识了六七年之后，我逐渐发现，这并非是做生意的手段那么简单，她这个人的确是这样，非常有韧性，虽然是一个小小的个体老板，但是活得不卑不亢，什么困难和问题来了，她都只想着去处理，而不是埋怨和诉苦。

现在那家发廊已经易主，她回老家去了，因为孩子到了上学的年纪。据说她不再开发廊，而是有了一家工厂，做得很不错。我们的联系也中断了。

发廊兑给了一个新老板，名字没换，我去过几次，生意每况愈下，新老板和我一直抱怨，"为什么我的发廊生意不好？早知道这样就不会花这么多钱兑她的店了。"

为什么生意不好，我心里默念，"不仅是因为你不如她技术好，也不如她有好人缘。"新老板是那种爱抱怨的女人，整天不是抱怨顾客太极品，就是骂服务员太懒散，或者怪老公不支持自己。每次你一坐下，一开始做头发就唠唠叨叨个没完，每个顾客走了之后，就立刻吐槽这个顾客有多么极品，然后还要和当下的客人讨论一下，搞得别人很尴尬，不知道怎么接。

去过几次之后，别人自然就不去了。

我曾经认为我和她只是发型师和顾客之间的那么一点缘分，但后来我发现我很怀念她，我很想再看到那张表情总是不疾不徐的脸，那个淡然承受一切的人。我们之间似乎建立了某种关联，因为她改变了我。

你以为在一个开发廊的小老板身上就不能学到什么东西吗？人生中处处

都有典范，处处都有镜子，可以照出自己的缺陷。在她身上，我学会了温柔一点和自己所遭受的困难和挑战面对面，不必逢人就讲自己的痛苦和烦恼。我们都不喜欢和总是带来负面能量的人在一起，坚韧与强大才能争取到更多的理解与支持。

人到中年，我见过很多人，包括很多位高权重的人，我发现成功者基本上都有一个共同的特征，他们都不爱诉苦，他们都只专注于问题本身，注重如何去解决。

有一次，我和一个做领导的朋友抱怨自己工作中一些不开心的事情，他听完笑笑，"你这算什么，你看看我现在手里需要处理的事。"他一一和我数了一遍，我听完惊呆了，这些都是换成我，大概就要跳脚骂娘的、大呼倒霉的烦心事，但他在那样的压力之下，依然一切如常的和我聊天，并不会气急败坏。那次我终于明白了，为何他能够成为某个行业的翘楚，内中自有道理。

一个人的心要足够深，才能埋得下一些事。心若浅得像一个碟子，什么都装不下，稍微有一点心事，都会流淌出来。

能担当，这是事业成功的基础，这点上大人物与小人物没有不同。哭嚎、抱怨、逃避，都毫无意义，并不会使烦恼变小，反而会使自己失了分寸，被别人看穿了弱点。

我越来越欣赏那些不爱诉苦的人，他们才是最勇敢的战士，苦来了，难来了，他们提枪上马，与之厮杀。不诉苦并非是自我压抑，而是看透了人生，有一种不徒劳挣扎的智慧。

做人谁不曾被命运辜负过、被他人伤害过，阳光下并无新鲜事，一切乏善可陈，谁是第一个受苦的人呢，不，都是别人的影子，都是前人流过的眼泪。遇到困难可以倾诉，寻求帮助，但不可长时间的停留在诉苦的阶段。说多了，就难免会顾影自怜，相信自己真的是一个可怜人。

不必恐慌，你大可为了梦想而去奋斗

不管怎样，又穷又忙，没什么可怕的。如果你还有所期待，就要去努力；有所努力，就一定会有所回报。

我也想去健身，可是没有时间。

这几天太忙了，等过几天忙完了找你。

事情好多，不知道先做哪件……

这些状态，有没有出现在你的生活里：时间总是不够用，没有时间闲聊，没有时间运动，没有时间做自己想做的事情。只有早已经被透支的"等我有时间了……"

这个挺贵的吧，还是不买了！

钱没怎么花，就没了！

油价又涨了！

这些话有没有出现在你的生活里：钱总是不够用，买稍微贵点的东西，都要不自觉地把它折算成自己的多少天的收入；超过一万的开销，都要计划一下怎么能补上这个空缺；不敢忘记自己每个月有多少收入，也不敢忘记下个月还会有多少开支；甚至买一件衣服，不打折就不舍得买；在心里默默地对自己说过好多次"等我有钱了"……

大学毕业之后，经常听到大家说忙说累，说加班到凌晨，说工资低，说假期少;说不敢生病,不敢辞职;就算心中有诗意和远方,也没有说走就走的勇气。因为有质量的生活,既需要钱,又需要闲。而对于大多数刚刚步入职场的年轻人,这两样都没有——赤裸裸的又穷又忙,穷得只剩下理想,忙得没时间生活。

周末聚餐。小A问旁边的男生跟喜欢的女孩表白了没有。男生摇摇头,苦笑道:"像我现在的状况,不敢表白。我现在没有资格谈幸福,每天工作超过十二个小时,收入还没有她高。就算女孩不嫌我穷,我连陪姑娘出去看风景的时间都没有。今天正好办公室网络维修,才能空出来半天,随时还得回去。以前还能用各种借口每周约见一两次,现在已经有一个多月没见了。等等再说……"

男孩研究生毕业,工作不到半年,在他看来,自己又穷又忙,哪有资格谈幸福。

这是一群人对自己生活状态的定义:工作比自己想象得累,工资没自己期望得多,又穷又忙,"没资格"谈幸福。

北京的房价今年再次上涨,在北京的闺蜜,又一次给我算了一笔账,说自己努力工作挣钱的速度,比不上房价上涨的速度。每天早出晚归,拼命努力,就是想在北京拼出一片立足之地。晚上回家累瘫在床上,看到房价又涨了,那一刻,真想收拾东西回家。

朋友工作四年,和老公都在北京工作,两个人月收入三万多,但是要攒钱买房,除了拼命吃苦、把工作业绩做得更好之外,不知道还有什么资本能留在帝都。

这是一群人对自己生活状态的定义:辛苦挣钱还是买不起房,又穷又忙,缺少幸福感。

前一段时间刷屏的一篇文章,一个中产阶级自曝账单,精细地计算了生活的各项开支和未来十年的开销，得出结论是家庭收入七十万元，根本不够用。为了维持家庭现在的生活状态和保证以后的生活水准不降低，她和丈夫带着对未来的恐慌，不敢轻易辞职跳槽，只能"委屈"自己：为了每年可以全家人换新衣，为了全家人有品质的早餐，为了以后送孩子出国，为了自己老了还能保持一定的生活水准……

年收入七十万元，还是不能过上有安全感的生活。有人说，"我们的中产阶级就是一个笑话"，拼搏了十几年，依然逃不开"又穷又忙，又恐慌"。

这是一类人对自己生活状态的定义：收入提高了，但是开销大，存款少，依然恐慌。

其实，在得到自己想要的生活状态以前，不管收入是多少，不管一周工作五十小时还是四十小时，都会觉得自己又穷又忙，总觉得心中的幸福感，还缺那么一点点，无处弥补。

又穷又忙，是自己的选择。虽然不是人人都可以"有钱又有闲"，但是都可以在自己的能力范围之内达到"小富即安"，不富，至少也可以让自己紧绷着的弦放松。实际上，我周围的人，就算可以连续数日"悠闲"，在彻底的放松之后，又会开始怀念起忙碌的日子，重新进入战备状态。

研究所工作的男孩，没有对自己的生活敷衍，还是每天全身心地努力着，尽可能做到最好。

在北京工作的朋友一家，他们还是每天花三个小时上下班，在那个"站在大街上喊一声都没有人回头看看你是谁"的城市里奔波。

年收入七十万元的那一对夫妇，他们还是带着恐慌，用自己的努力去拼一个未来的保障。不敢辞职，不敢挥霍。

又穷又忙，是很多人一生的状态。

那我们为什么总是又穷又忙？

我想，是我们想要的"有钱又有闲"的生活，一直在路上。"富"的定义，不断变化：拿到五万元的时候，想要五十万元；有了五十万元，也还是不够。没房没车的时候，想有；有了之后，还想要换好的、大的。"闲"的定义，也不断变化：没有周末的时候，就想有时间能好好睡一觉；能睡好觉之后，想要有假期；有假期之后，想要更多的自由；自由了之后，还想要更多的钱。

我们想要的，总在路上。之所以这么"贪心不足"，是因为我们总有一个期待，期待有一天，我们可以和在乎的人一起，拥有自己想要的生活，欣赏自己想看的风景。我们的一生，都在追求一种幸福，叫作"更幸福"。

一个朋友说，从工作之后就一直缺钱，也缺觉。"计划要花出去的钱，总是比挣的多。工作熟练了，事情却越来越多。"

即使收入不断提高，因为对自己生活的期望也在不断提高，所以一直穷，一直忙。

现在可以买三年前不敢买的衣服，可以去三年前不敢去的餐厅，仔细一想，还是有不敢买的衣服，还是有不敢进的餐厅。

我一直觉得这不一定是坏事。

就算努力几年之后，还是"又穷又忙"，但是对生活的掌控力明显提高了。刚工作的时候都不敢生病；几年之后，可以安排好手头的事，空出几天出去玩。

就算十几年的努力之后，依然恐慌，还是"又穷又忙"，但是心情可以不被物质左右了，可以每天有一段属于自己的安静的时间，可以有应对未知风险的底气。

让生活保持忙碌和充实，是一种选择。每一个有上进心的人，都会不自觉地把自己放到这种状态里，一直在追求着更高更远更富足，包括精神和物质上。

要相信，在很多年努力之后，如果你觉得还是只够养活自己和家庭，那是因为养活自己和家庭的成本提高了。把生活品质提高，就是努力的意义。因为人们要的不仅仅是幸福，而是更幸福。

今天看到央视《开讲啦》的一段视频，视频里这个说自己"只能够吃饱穿暖""白天在上班，晚上在加班"的姑娘，问了经济学家樊纲"穷忙族"能幸福吗。很赞成樊先生的回答……

这就是生存的状态，作为年轻人，你必须走过这一段。你现在选择加班加点，说明你还是有期望值的，你还是觉得这么做会比不这么做更幸福。既然走上了这条"过度竞争"的道路，要过得更好，你就必须努力奋斗，你必须有不安全感。

所以，如果你也年轻，你也又穷又忙，不要害怕，很多人和你一样。每一个阶段的又穷又忙，都会跟之前的有所不同。你又穷又忙，是因为有所期待。你恐慌，是因为所有追求幸福的过程，都带着不安全感。也许，又穷又忙可以换一种说法，是为理想的生活而努力奋斗。

别把你的梦想只是挂在墙上

[你不出去走走,你就会以为这就是全世界]

你是否常常在物质的世界中,迷失方向?

你是否常常陷入未知的恐惧中,裹足不前?

你是否不敢放任自己的感受,在压抑中度日?

你是否在日复一日的生活中,麻木了内心,不再感动?

这一切,是你想要的人生吗?

音乐人高晓松在回想自己从小到大的生活时,是这样描述幸福的秘诀的:人生不止眼前的苟且,还应该有远方。生活需要旅行,能走多远走多远。

踏上远方的路,细细品味别样的人生。正如电影《天堂电影院》中,老年人对年少的多多说的:如果你不出去走走,你就会以为这就是全世界。

[旅行,结识人生中的挚友]

既然生活需要旅行,那么旅行会让生活发生怎样的变化呢?

俗话说:"人之相知,贵在知心"。但如今社会的复杂性,让纯真的友谊越发显得珍贵。然而,在旅途中,旅伴之间往往可以放下戒心,抛却利益,卸下伪装,因而,彼此间更能形成默契,从而成为真心朋友。

专栏作家张辉曾这样回忆他在旅途上结识的朋友：

当我踏上人生中第一次长途旅行，和我一起出行的朋友中，其中就有一个堪称我一生挚友的朋友。我们到现在还保持着密切的联系。每当人生遇到困惑的时候，我在家人之外，第一个想到的就是他。与他交流，会使我的内心放松很多。

变化之一：旅行，让你结识人生中的挚友。

[旅行，遇见更好的自己]

一次，作家蒋勋带着他的朋友去吴哥窟旅行。到了当地，他的朋友下车后吓了一跳，说："我们说家徒四壁，表示什么都没有，他们却连壁都没有。"可是，当后来蒋勋看到当地的男男女女从田里回来，再到河里泼水、唱歌。那一刻，蒋勋才发现他们才是最富有的人群。他也认识到：一个人是否富裕不是靠物质来衡量的。

在旅行的过程中，你是否也有过类似的感悟？

当你驱车到达陡峭的山顶，俯看山底下渺小的芸芸众生，你还会揪住自己的过去坚决不放吗？

当你迷失在山路之中，冷静思考最终找到出路时，你还会认为自己力量是那么微不足道吗？

或许，我们每个人对事对人都掺杂着自己的偏见，可是，旅行可以让你慢慢修正自己的偏见。也许在路上的某个时候，你会对自己说："何必为琐事而烦，我的人生，其实还不错"，或者"如果我拿出勇气面对生活，忧愁的这些事情也就能迎刃而解了吧。"

变化之二：旅行，让你遇见更好的自己。

[旅行，不是为了离开，而是为了重新开始]

主持人梁冬在2005年受李彦宏邀请加盟百度，全面负责市场宣传工作。这是一个电视人的华丽转身。然而，两年后，梁冬决然离开了百度，创立起了正安中医，全心致力于中国古老中医学的传承研习之中。

是什么力量让他做出了如此重大的转变？

原来，是一次机缘巧合的印度之旅。在印度德里街头，梁冬看到印度人的慢生活；在克久拉霍，他看到很小的男孩也有着自己的信仰；在瓦莱纳西，他看到了每个印度人脸上的虔诚，对于当下自己所做的事情，他们一目了然。

旅行是很大的反省，它会让你通过观察对比，来检讨自己的生命意义和价值。或许，有一天，你会在不经意之间，在印度街角那个站着白牛的小吃店，或在约旦深谷里那个赶着山羊的老妇面前，遇见那个你最想成为的自己。那个你，卸下了在都市丛林里背负的重重铠甲，活力蓬勃，宛若新生。

变化之三：旅行，不是为了离开，而是为了重新开始。

[旅行，不是单反 + 伪文艺]

既然旅行可以让我们受益良多，那么，我们应该用怎样的状态参与其中呢？

K小姐原在北京工作，由于工作不顺利，请了年假去旅行，本想趁着放松好好思考下工作中相关问题。可到了西藏，她每天睡到自然醒，接着便带上单反出门溜达，一路上除了举着单反拍摄各种镜头外，便再无其他举动。到了晚上，她就在住处整理一天的拍摄成果，然后发布到各类社交平台。如此重复了一天又一天，到了旅程的最后一天，她收拾了背包，在朋友圈写了一句就返程了：经历许多，人生因西藏而改变。

这不就是当下许多年轻人旅行途中的真实写照吗？K小姐的人生真的因为旅行而改变了吗？一定是没有的。她的旅程，不过是安慰了她自己。

要想让旅行变得有意义，你需要将行为常态化。旅行，不是单反+伪文艺，而应该是消化、沉淀心绪的过程。

[旅行，先从内心出发]

你知道，人生除了苟且还有远方；你知道，旅行需要拥有常态的行为。可是，你仍是握着一颗想要出走的心，却依然在原地逗留。

或许，你会说：

我还没有毕业，没有攒够钱去旅行；

电视上曾采访过一个14岁的苏格兰小孩。小小年纪却已踏足多个欧洲国家。是父母的资助吗？不是。小男孩每学期都会在学校打扫厕所，挣到了钱，他就会去欧洲旅行。途中钱花完了，他也丝毫不害怕，拿起风笛在街上卖艺赚钱，以此完成旅程。

或许，你又会说：

我天天在上班，没有假期去旅行。

某时尚编辑的出游文章曾在网上大肆流传，大家纷纷羡慕她的职业，可以借助上班时间跑遍全球。然而，不久后，该编辑在博客上发布了一篇文章。文章中，她告诉了大家，她各地的旅行并非公差，而是靠着她周末的双休、正常的公假与年假的调配换取来的。

旅行，需要先从内心出发。坚定了内心，也就没了阻挡行动的借口。你是否也有环游世界的梦想？你的梦想还挂在墙上吗？

与其害怕不如努力

优秀与平庸之间,

往往隔着的不是别人,

是自己。

"你可以随时转身,但不能一直后退",这是我很喜欢的一句歌词,出自前不久获得诺贝尔文学奖的民谣歌手鲍勃·迪伦。

以此态度,来和年轻人蓬勃易碎的玻璃心抗衡,倒是蛮合适。

美国西部大开发的时候,要从西海岸圣地亚哥到东海岸某个地方,长4828千米的路程,有两种走法。第一种走法是:天清气朗就多走一点,刮风下雨就先找个地方躲起来。第二种走法是:不管风和日丽还是狂风暴雨,每天都必须走20英里,即26千米。

按照第一种走法,可能永远都到不了目的地。

第二种走法,虽然听起来缺失一种理解性的温柔,却能最快速度到达目的地。

这就是心理学上著名的"20英里法则",放在现实生活中,能做到如后者般持续推动自己前行的人属凤毛麟角。大多数时候,人们都选择了第一种活法,平坦时笑意盎然大步流星,曲折时黯然伤神停滞不动,天晴我晴,天阴我阴,原本透亮的心,会逐渐在环境的影响拉伸下变得模糊不明。

如果你克服不了玻璃心，就永远也遇不到"金手指"。

有时候，人真的应该学会自省。王小波说，一个常常在进行着接近自己限度的斗争的人，总是会常常失败的，只有那些安于自己限度之内的生活的人才总是"胜利"。

优秀与平庸之间，往往隔着的不是别人，是自己。

我的一个读者阿茶经常会在后台留言说，自己在工作上力不从心，办公室里领导和同事们老是欺负她，找她的茬儿，感觉像是要孤立她。

秉持着对事物先了解再判断的个人习惯，我决定耐心听她把整个过程的来龙去脉讲完，再给出建议。阿茶最近刚换工作，去了一家正处在冲刺B轮融资的互联网公司，做设计，领导恰恰是她大学时期高几届的学长，同样在视觉传达上有所见地。阿茶交上去的设计样稿，经常性地会被他在会议上单独拎出来说，倒也不是批评，只是点名的次数多了，阿茶心里难免犯嘀咕，这是不是领导故意给自己"穿小鞋"？

时间久了，阿茶开始觉得学长处处都在针对自己。今天这个色调不对，明天那个调性不搭，"一张设计图，他居然让我改三遍以上……这不是明显和我过不去吗。"

"那学长对于你工作的建议，你觉得还算中肯吗？"

"平心而论，他对设计方面的很多指点令我钦佩不已，但是，我就是不喜欢他老是反反复复，让我去修改一个不怎么重要的图纸，太伤我自尊了。"

听到这里，我大概清晰了很多。

其实这种事情蛮常见的，五年前，我在给一家风头正热的青春杂志写小说，稿子是三审，一切情节、构造、人物、故事背景、环境描写，包括细节处是否具备逻辑性，都在他们的考量之中。最烦琐的一次，我一篇稿子连续改了20多天，每天晚上都能收到编辑反馈回来的不同建议，有时是角色刻画力度不够，有时是前后衔接上缺乏说服力，就连女主心理自白的尾处是以"句号"还是"省略号"作为结束语，都是我们讨论了整夜商讨出来的结果。

人的自我暗示，有时是很可怕的。

当时我和我的编辑还不算熟悉，曾经一度，我认为是她在故意刁难我。

出于赌气的心理，我反复克制着自己随时想要"撂挑子不干"的心理，想要证明给她看，我是有可以写出好故事的。那篇稿子，删删改改，最终放在了比预期还要晚一期的刊目上。

登出来之后，我拿了当月最受读者欢迎的栏目奖金。

"其实我是可以放在更前一期的，但当时稿子还没有打磨好，放上去，是对你的敷衍通过，也是对读者的不负责"，我的编辑说。

当时听到这句话的感觉，那叫一个羞愧。

我为自己的玻璃心羞愧，为随意揣摩他人心思羞愧，为将一个为我着想的人当作假想敌而羞愧。时隔多年，当我自己开始组团队带新人，才发现，原来当你看到一个作品，仍存在着可优化、可进步的弹性空间时，你是无法抑制住人类天生的完美主义趋向的。

在工作中，要修炼成一名合格的职业人。除了天性之外，我们还要慢慢经受关于强大体力、精神储备、心理素质等多方面的密集训练。

要学会适当修剪自我。在之前的公司里，只有阿茶一个设计，她的工作就是由自己来审核和衡量，几乎不会有被别人提出质疑或卡顿的情况。长期的独裁主义工作模式，使得阿茶很难以前辈心态去和别人沟通，太敏感，太脆弱，又缺乏沟通的耐心，领导稍加要求便觉得整个世界要背弃自己，天崩地裂。

在工作中，没有不重要的事，任何分工，都是基于合理的存在。你看不到问题的重要性，不代表这件事就不重要。

不就是一篇稿子嘛，可对编辑来讲，这是内容输出的代言。

不就是一张图纸嘛，可对产品来讲，这是搭建框架的模型。

不就是一场活动嘛，可对传播来讲，这是企业文化的落地。

总把不适合当作逃避的接口，其实就是眼高手低；总把不擅长当作偷懒的理由，其实就是不愿动脑；总把领导分配不均当作业绩低的挡箭牌，其实说到底，还不是因为自己不够走心。

我们生存在一个团队里，就要承受这个团队的共运。在职场上的任何一项工作，都不单单是你看到表面上标签化的固态存在，项目和项目之间，环环相扣，任何细节处的漏洞都可能造成满盘皆输。

对自己手下作品负责，就是对整个公司负责；对公司负责，就是对自己整个职业生涯负责。

一个人的时间精力花在哪里，是可以看到的。如果一味沉浸在被找茬、被伤害、被孤立的臆想当中去，哪还有工夫，去潜心进步。

玻璃心，注定无法突出成长的重围。

谁都曾脆弱，谁都在坚强

[1]

我好几次回乡下都遇到过一些尴尬的事，其中令我最为难堪的就是，遇到好些年没见到过的老同学或是老朋友。大老远的，他们就朝我招手，喊我名字，热情极了。当然，我不知道他们是以怎样的方式把我这个人印入脑海、刻进骨髓的，但我想这肯定和我年少时的特质有些关联。

读小学时，我的数学成绩很差，每次考试就拿二三十分，老师就会罚我站门背、跪石头、拽掉我的裤子用一根又长又软的柳条抽打我的屁股，血肉模糊。回到座位后，我就会哭，哭得呼天抢地，可没有谁安慰我，他们只会睁圆了眼睛看着我，好记住我这个人，以及发生在我身上的事，好吸取教训。

其次，我的家乡话说得很好，我会讲很多土笑话。每次上娱乐课，我就会像只猴子一样蹦上讲台，站在上面手舞足蹈，夸夸其谈，对着台下的女同学挤眉弄眼，趣味十足。

几年下来，兴许就是因为我既像个天才，又像个"缺心眼"才成了那样一道亮丽的风景线，让同学们刻骨铭心，意味犹存。

但遗憾的是，在成长的路上，我把儿时的有些东西丢得远远的。因为我长个了，发育很成功，开始沦为生存的独立体，不太愿意把过去的一些人，一些事装进脑袋，也不太愿意怀念过去的我们。所以，后来遇到很多老同学，我就会傻愣傻愣地看着对方，尽量从他温柔的目光里读到些当年的影子。

"你看起来真的很眼熟耶！"几分钟后，我终于开口了。

"必需的，不然我叫你干吗，你以为你长得很帅啊？"同学打趣地说。

"哈哈，那你叫什么名字，哪个村庄的？"我问。

紧接着，同学流利地做了番自我介绍。只是一点也不像当年，此时此刻的他像是被一种外在的东西驱使着，他得把话说得越来越快，把路走得越来越急。

[2]

我记得很多年前，我们第一次站在讲台上做自我介绍时怯生生的，羞羞答答，但坐在下面的同学却目不转睛，听得仔仔细细，眼睛里流淌着好奇。那时候，我们对班上的每一个人都充满了期待，我们都希望能够接受彼此，让彼此加入游戏当中。

可很多年以后，我们都变得苍凉伤感。我们所说的话少了一份真情实意却多了些牵强附会，我们所做的事不再是纯粹为了自己那颗晶莹剔透的心，而是想拼尽全力接近别人，讨好别人的眼睛，活成别人想要的样子。

难怪有人感叹，成长是色彩的变幻。不见了童话书上多彩的封面，看到的是教科书一脸的严肃。

坦白说，我很不喜欢这种感觉，但我又无能为力。因为美好的东西总会被某些人当作一场梦，很快就会被遗忘的，就像我不记得张同学有出现过我的世界。

我问："张同学怎么没读书，改卖水果了？"

张同学苦笑着说："卖水果都好多年了，小学毕业了就没再上学，书读不下去。"说完又从口袋里摸出两根香烟,递给我说:"你抽不?"

我摇摇头。

他笑了笑,说:"我真羡慕你,都大学毕业了!"

他的声音仿佛低入尘埃,但又好像一把尖刀刺入我的心脏。因为我也不知道大学毕业后我能过上怎样的生活,也许比他好一点点,又也许还不如他。

我沉默了片刻后,说:"卖水果也不错啊,平平淡淡多好!"

顿了顿,"我还挺羡慕你呢!"

然后又乱七八糟地对同学举了些读书无用论的例子。

我以为这样可以更好地安慰下他,同样也可以让他同情一下我,但同学拼命地摇头,不停地对我说:"不,不。"我好像能感受到他的整颗心脏都透露出一股股敬仰之情。

原来,我对他所谈及到的人和事,所领悟的道理,都是他不曾了解过,也是不会想到的。

[3]

难怪再次遇到张同学后,他不是和我一起回忆当年,而是对我感叹当初没能好好念书,否则也能过上他所以为我能过上的好的生活。

但是,他并不知道其实我们都一样,为了能过上平平淡淡的生活我们都得绞尽脑汁,尽心尽力。只是我们选择的方式不同,张同学选择卖水果,我选择了读书。

那为什么长大后的我们不能好好珍惜再次相遇的缘分,去坐下来好好回味我们所历经的故事,却偏偏要用世俗的眼光上下打量着彼此,各自羡慕呢?

我们真的不喜欢现在的自己吗?可我们也并没有怀念过去的我们啊。

很早的时候，我们选择放弃，以为那只是开始，就像放弃了喜欢的人后还会遇见更好的人，以为那只是一段感情而已，可等到后来才明白，那其实是一生。因为很多时候我们轻易放弃了的一些人，一些事，就再也不会回来了。

如果张同学在十四岁时没有放弃读书，我在大学毕业后没有放弃初恋，而是去B城工作，那我和张同学是不是不会觉得自己放弃了一辈子？我们是不是可以带着轻松又愉快的表情回到那个可以讲笑话，可以被数学老师体罚的童年时光？但是，不对啊！我们都长大了，我们变得胡子拉碴，体态丰腴，成熟深情。

不是有很多人说，人可以拒绝任何东西，但绝对不可以拒绝自己的成熟，因为拒绝自己走向成熟实际上就是规避自己的问题，逃避自己因成长而带来的痛苦，而规避问题和逃避痛苦的趋向是人类大部分心理疾病的根源，如果不及时处理的话，我们就会在将来的日子付出更惨重的代价，承受更大的痛苦。

所以说，我和张同学的再次相遇是回不到过去的，我们没有时光穿梭机，我们只能把过去所发生的种种事情，哪怕是历历在目，也只能在心里悄悄地搞个祭奠仪式。

长大以后，我们都不太情愿向彼此深情地讲述，越来越愿意把心底的那番痛苦留给自己，因为我们总觉得痛苦本身就不属于别人，于是让痛苦在心里肆意妄为地放大，越来越多的人便开始独自承担越来越多的痛苦。

[4]

独自长大的确是一件特别残忍又很自私的行为，我们都不情愿，甚至不可能做到像小的时候那样和身边的同学、朋友分享自己的眼泪和鼻涕，就更不用奢望会把自己手中的糖果和舞台下的掌声传递给身边的同学和朋友了。

我们就这样随着年纪的逐年递增遥遥相望着，谁都不肯睡在一起谈天说地，谁都不愿和谁走到一块，我们只会各自羡慕起来。

张同学羡慕我读了很多年的书，我羡慕张同学有一副叫卖水果的好嗓音，更让我赞叹不已的是，他既然能和小学同学结了婚，多么幸福啊！再仔细想想我自己，读了那么多年的书反而越来越缺乏谈恋爱的勇气。

为此，我和张同学也只能把天聊到这里，又转身渐行渐远。

[5]

我总算明白，为什么多年以后的QQ不再"叮咚"不停，就算博客里有成百上千个好友，也鲜有人在里面记录此时此刻的生活状态。是我们真的很忙很忙吗？不是吧！应该是我们都长大了，换了另一种比较安静的活法，开始安于现状。

我们越来越不喜欢一群人的热闹，只习惯一个人的烟火。

比如，曾经我一直以为遇见一个老同学或是老朋友就像在大夏天吃了一根老冰棍，我们可以像从前那样坐下来细细品味当年的清凉。但多少年后，当我们再次相见时，更多的却是几句简单的寒暄，甚至还会带点功利性。

再比如，我曾经以为和女朋友分开后还可以做很好的朋友，但事实上，她和我分开以后，就把我所有的联系方式都删除了。后来有天，我们在大街上碰面了，我本想走过去和她聊一会儿，但她很快就跑开了，她压根就不想再看到我。

所以说，那些最终会让我们陷进去的，一开始总是美好的，但结局又是出人意料的。在生活里，我们总是不安，只好装作很强悍的样子去希望能喜欢现在的自己，同样会怀念过去的我们。

因为即使成长是一个人的跟跟跄跄、跌跌撞撞，我们也希望能一直留在那个人的心中。这样，我们就可以在那个人最离不开自己的时候，用那个人曾安慰过我们的话又劝他说：结识一场珍贵的情谊，往往是在还年少无知的时候。那还是一个喜欢依赖，喜欢嬉闹的年纪，幼稚而真挚。那个时候眼光纯净、语言真实，能留在身边的一定是最喜欢或是很欣赏的人。

但当你渐渐成长为一个成熟的个体，接触的东西越来越多，眼光变得越来越挑剔，言行却显得过于谦谨。你开始被一些乱七八糟的东西搞得晕头转向，开始更多地权衡利弊，而不是任性地感情用事。而对于眼前的人和事，只是习惯性保持尽量多的礼度，而非热情。这就是为什么人总会在光芒四射的白天感到不安，又会在孤独漆黑的夜晚佯装强悍。

除了包包，你的人生还有世界

很长一段时间，我都在北京租房生活。

刚毕业的时候，在老台军博附近租房子。那个时候房价还没疯涨，一个月租一个特别旧的20世纪80年代的红颜色外墙、层高六楼的那种老房子，一居室，4000元。

一居室的意思是，客厅是那种老房子的客厅，大概就二三平方米，放下一个冰箱以后，走路都要侧着身子。卧室里放着咱们爸妈那一辈结婚时候的老式大橱，还有一个咯吱咯吱响的床。

就没有了。

那时候我一个月赚7000元，去掉房租，每个月花3000元。

然后我觉得自己就变成了那种，被众人诟病的"年轻姑娘"，出门的时候打扮美美，穿得光鲜亮丽，化着精致的妆容，怎么看都是生活幸福、乐观向上的好姑娘。

回到家，一片狼藉，本来就老旧的房子，狭窄的空间，狭窄的衣柜，衣服堆得满床都是。老式的旧楼房，很阴暗，朝北的卧室更是看不到多少阳光。

我不知道你们有没有这样的感受。

住的地方越破烂，越糟糕，你就越不想去收拾它。任凭屋子越来越乱，越来越阴暗，任凭自己在这样的空间里，苟延残喘地生活着。

反正只要出门美美的就行了。

我以为打扮良好就是体面。

那时候，我以为的体面，就是出门必须把自己打扮好了，觉得这样就光鲜了，这样就是精致生活了。

还要标榜一下，你看，我多么爱自己，比那些出门都不知道收拾自己的姑娘强多了。

我们是不是被很多的文章，很多的博主灌输了这样的思想，我们要爱自己啊，爱自己就是出门要涂口红啊，洒香水啊，要和法国女人一样，去菜场都要化个妆啊。

这样就可以转角遇到爱，随时撞见前男友都可以昂首挺胸地路过。

看着自己美美地出现在众人面前，穿着小黑裙，拎着小手袋，那一刻，就是我们所认为的全部体面了。

我们醉心于这样爱自己的方式，不惜把工资的大部分用来购置化妆品、护肤品，买一大堆的衣服包包鞋。

我们内心还有隐隐的优越感。我们已经和别人不同了，我们舍得投资自己，我们爱自己，我们体面地生活着。

家是一个人的尊严，是一个人所有的体面。

就这样，过了好多年。

直到有一天，因为一位在贫民窟里生活的妇人的一句话，我才知道原先我们所理解的体面，是多么的肤浅，多么的表面，风吹一吹就散了。

在我们的想象中，贫民窟应该都是极其脏乱、破旧，到处都是衣衫褴褛的人。印度的贫民窟有一大片一大片的平房，拉美的贫民窟很多都建在山上。

我们总是一提起就要皱眉头，就好像那里是极度的不堪和潦倒。肮脏杂乱之余，还弥漫着恶臭。

若泽一家有四个人，爸爸妈妈还有他和他的弟弟。四个人挤在贫民窟简易搭建起的两居室。当然，只是我把它称之为两居室，就是两个隔开的地方。

我身高165cm，走进去，还会下意识地低一下头。

房间里整整齐齐的，他们没有衣柜，衣服整整齐齐地叠放好，沿着床边，放了一排。弟弟的衣服堆在床的左边，哥哥的衣服堆在右边，空出中间狭小的空间，勉强够两个十几岁的男孩儿躺下。

地面扫得干干净净，甚至因为常年拖地拖得太卖力，粗糙的水泥地，都拖得锃亮。我望着这样的贫民窟发呆，脑中是我自己租的被我弄得一团糟的房子，我觉得我才住在贫民窟。

而这时候，他们的妈妈对我说了一句话，我永远记得。

"家是一个人的尊严，是一个人所有的体面。"

穷人有穷人的体面，富人有富人的体面。

而大多数的时候，这种的体面，和钱并没有太大的关系。

去马德里的一个教授家做客。

两层楼的小洋房，在那一片区域并不显得突出，甚至有些显得过于朴素。

进屋之后，教授热情地欢迎我们，招呼我们入座。家里的摆设异常简单，用旧了的沙发看上去就有很多年的历史。家里的大餐桌还是20世纪的样式，但洗得有点褪色了的桌布一看就是熨烫过的，平整地铺在餐桌上。

脑子里浮现的词语，想说，这也许才是真正的大户人家。

教授收入颇高，绝对有能力布置得比现在富丽堂皇，或者优雅清新。而也正是这样朴素的家，还能看出这户人家的修养。这才是最最难得的体面。

教授邀请我们去他的书房。很多年前，他是西班牙一家报纸的记者，采访过很多的政要，还有一张和西班牙国王年轻时候的合影。一幅幅黑白的照片，挂在书房的白墙上，就是简单的相框，没有任何设计和布置，却能够诉说他大半生的经历。

书房很小，书堆得满地都是，但都整整齐齐地摆好，挨着墙边放着，走路不会绊倒。一张竹子做成的摇椅放在中间，铺了一小块地毯。这位年过七旬的教授，每日都在这间小屋子里读书看报，加上窗外的阳光洒进来，在我看来，这样的生活，就是十足的体面。

不为了给谁看，不为了拍照发朋友圈，不为了向任何人吹嘘，甚至不为了任何人的评价。

这是我所见的真实生活里的体面。

我们的心里除了装着包包，还要装得下家和世界。

所以，什么才是爱自己？

我们买衣服包包、鞋子手袋，并没有错。但是如果我们爱自己的方式，只是买衣服包包、鞋子手袋，那么我们离高品质的生活，离过得体面，还有非常大的距离。

真正的体面，在乎于日常的年年岁岁里，在乎于我们一个人，也能够过得像一支队伍。

很久之前，还是上高中的时候，友人送给我一个本子，还有两个字。

慎独。我想也就是一样的意思。

真正的体面，在乎于那些别人看不到的世界里，你依然过得优雅从容。

我们常常羡慕上流社会的生活，羡慕富人区的日子。我想说，真正的体面和金钱全然没有关系，一个住在贫民窟里的家庭也可以高昂着头，过得非常体面，而一个所谓的富人，也可以把名牌都穿戴在身上，装点在家里，却和体面两个字毫无关系。

我想，二十多岁的我们，也是应该要长大了。

那些衣服包包、鞋子手袋没有办法让我们到达内心的体面，而其实那才是我们真正想要去的地方。

因为我们的心里除了装着包包，还装得下家和世界。

自律是自由的另一张面孔

[1]

旅途中，林宥嘉的《想自由》在很长的一段时间里经常听。

"在摩天大楼渴求自由。"

后来，在"大裤衩"工作到夜晚的日子里，透过玻璃外墙，看到十点还在堵车的东三环，也会想起这句歌词。

汽车小得像纸盒一般，所有人躲在自己的小纸盒里，在三环路上缓慢行走。你很难说他们是加班回家，还是一个局散了奔赴下一个。两旁是灯火通明的写字楼，格子间里明晃晃的灯光，把玻璃外墙的写字楼衬得格外光怪陆离。

有时候看着密密麻麻的人群，会有局促感。我们每天忙忙碌碌、奔奔波波，在偌大的城市里找不到方向，在灯火通明的写字楼里喝完最后一杯咖啡，或者哪怕是在通宵自习室里做完一套复习题，我们越来越努力，但我们是不是过得越来越不自由？

每天被考试催着，被老板催着，被房价催着，被所谓的诗和远方催着，我们越来越努力，为了过得更自由。但是工资涨不过房价，是远远涨不过的。加班加不出假期，休假变得越来越奢侈。考试考不过泛滥的证书，考完这一张，永远还有下一张。都不知道这些千奇百怪的执业证书究竟要证明什么，而我们的英文水平竟需要那么一大堆不同名目的考试来证明。

好像一切离我们想要的都越来越远了。

[2]

周围很多人辞职了，都说，不想再受限制，想要更自由的生活。

认识的一个在上海创业的姑娘，她说，复旦毕业后，误打误撞进入了电商领域，赚了第一桶金，然后去了美国读书，现在回到上海。她说，不会想要去打工了。

一个同是广院毕业的男生，之前在外企工作，也说，不想再打工了，然后背上行囊去旅行了。他写了好多游记，非洲、东南亚、欧洲、美洲，很多人追着看他的故事，他拍照，写游记，和各国的旅游局合作，养活自己。

在自媒体时代，很多人羡慕所谓的自由职业者，觉得好像轻轻松松，写几篇文章，拍几个视频，你所想要的，在格子间里苦苦追寻的，所谓的金钱和名利，就都有了。

前几天，看一个作者吐槽，有人问，做公号还要团队啊？不就是每天写几个字然后发么？对此，她说："我只能回答你，你去做一台汽车，不就是四个轮子上放俩沙发就能跑么？"

我太能理解了。一个每天都能更新的公号，要不就是作者把它作为一个主要的事业，花费大量的时间和精力，要不多多少少都有团队相助，可能是一个完整的团队，也可能只是一两个兼职助理。

[3]

我们总是在羡慕别人自由。

别人不用上班，不用打工，轻轻松松，写几个字，画几张插图，又或是随便在家做做代购，就能换来巨大的回报。

所以你说，你也不想干了，你也不想每天早高峰挤着地铁，啃着路边买来的煎饼果子，缩在这个巨大城市里的一个小小的格子间，听着老板的训斥，看着永远都完不成的工作量，拿着永远有限的工资，住着30平方米～60平方米的房子。

然后你开始抱怨，你说，你看看别人！

你看看他们多自由。

亲爱的，羡慕别人自由之前，你先问问自己。

一件目前为止看不到任何物质回报的事情，你能坚持多久？

比如很多人觉得不屑一顾地每天写作，然后贴在公众号里。

比如，放弃你目前的工作，用自己有限的积蓄去旅行，坚持写最专业的游记，拍最棒的照片，贴在论坛上，或是任何别人能够看见的地方，点击围观者众多，至少还满足了你的精神需求，但要能够变现，让国家旅游局请你去旅行，还有很长的路要走，更不用说一开始就没有人围观的。

比如说，你放弃大公司高薪的职位，自己叫上几个小伙伴一起做研发，即使你有非常好的一个主意，但是离天使投资还差着根本就说不清的距离。

你说，这些当然是有风险，所以你才坚持不下去。

那么我们拿一个稳赚的项目来打比方。

比如，你每天早上早起半小时去跑步。

你能坚持多久？

[4]

你想要的自由都要付出巨大的代价。

你看看别人自由，但是，你怎么不看看他们有多努力，有多淡定，需要多自律，才能撑得起你看起来所谓自由的生活。

至少大部分的作者都会抱怨，完全没有自己的生活了，都会自嘲已经彻彻底底变得孤独，然后下一秒，依然忍受着孤独、寂寞，在完全没有近期回报的状态下，深夜写作。

那些我们看起来很酷的自由旅行者，他们拍着国家地理杂志级别的照片，写着路上的奇遇和探险，但是大部分的旅途，或者说每一天的日子，他们都计算着盘缠，研究着线路，自己又做写手，又当摄影家，还要自己做运营，做公关，如此，才能做到那看起来简单的四个字，养活自己。

我们之所以那么着迷《背包十年》，不是因为小鹏去了我们没去过的地方，而是因为小鹏坚持了我们也想要坚持的路。

十年，他做过电视台编导，在王府井签售过也乞讨过。

我们看到的自由和洒脱，那都是后来了。

[5]

之前合作过的好多摄像，他们都是自由职业者，但是他们说，自由职业者才最不自由。因为一切都是客户至上。只要有活，他们都接，不管他们已经连续工作了多少天，不管已经买好了去夏威夷度假的机票。他们说，因为你永远也不知道，是不是下个月就没有那么多活了。而没有活的时候，还有一个家要养活。

自由的本质是一场最深的自律。

而绝非，你想要几点钟起床就几点钟起床，你想要逃脱早高峰晚高峰，你想要在家办公还能照顾孩子，你想要避开黄金周也能去旅行，所以，你才想要做一个自由职业者。

这个世界上哪里有这样的好事？

我们口口声声说的自由，不过就是换了个方式说，我想要想工作的时候工作，想玩儿的时候玩儿，但是我还想要有稳定的收入来源。

这是一种不假思索的贪心。我们大多数人想要的自由，不过就是因为懒。

所以，不要再口口声声说自己想要自由，不要再悲壮万分地说自己是被困在摩天大楼里的小鸟，想要飞却怎么也飞不高。

等到有一天，你能坚持跑步了，你能淡定地面对别人的质疑了，你能为了自己想要的，付出超过常人的代价，你终于能接受失败了，终于在面对任何困境，比如说几个月甚至几年都缺钱，比如说别人二胎宝宝都会打酱油了，你依然能不以物喜，不以己悲，依然能自律地过好每一天，那么你才有可能获得你想要的自由。

因为，到那一天，你终于明白。

自律是自由的另一张面孔。

[与其害怕没有爱情，不如多攒点面包]

暖暖说，她和前任男友分手时，最痛心的不是就此形同陌路、各安天涯，恐怕今生都不能再见，而是他发的那条短信："那6000块钱，你什么时候方便，打给我吧。"

那6000块钱，是暖暖的父亲突遇急事时，她从男友那里暂借的，当时加上自己手里的积蓄，凑了3万块钱给家里。早就说好是借，但两个人感情一直不错，甚至有想到将来，事后也就没太着急还。不料，就在暖暖刚刚提出分手，且还没掰扯清这段关系的时候，对方就开始索债了。

其实，前男友也不是真的想要那点钱，他只是想用这样的方式去刺激一下暖暖。那段时间，暖暖刚刚丢了工作，手里的钱很有限。他这么做，无非是想让她难堪，发泄心里的怨怼。他始终认为，暖暖是背叛了他，爱上了别人。

暖暖对这段感情，原本还有一丝眷恋，可这一条短信的出现，却把她推到了决绝的立场中。真正的问题不在于钱，而在于人心。是啊，五年的感情，难道敌不过6000块钱吗？从20岁到25岁，她最宝贵的青春都给了他，难道敌不过6000块钱吗？

暖暖从不是贪图便宜的女孩，就算男友不说，这笔钱她也会如数奉还，只是话从对方嘴里说出来，终究让人觉得不舒服，甚至有些寒心。第二天，暖暖给前男友发了消息：钱已打给你，注意查收。看似云淡风轻的一条消息，每一个字里都挂着眼泪。

是的，一切都结束了，结束得那么俗气，那么丑陋。

很快，暖暖就有了新工作。她把全部的精力都投入到工作中，约她见面都要提前排档期，我问她："要不要这么拼？"她说："一定要，我不想再那么狼狈和难堪。"

爱情这件事，不是倾尽所有，就会有好结局，但工作不一样，只要你是真的努力，它定不会辜负你。暖暖的事业开始走上坡路，从最初的月薪3000，一路飙升到了6500，加之年终奖，年薪基本上9万元～10万元的样子。在四五年前，这样的薪资虽不算太高，但也不算低。

周围的姑娘们开始陆续传来结婚的消息，暖暖依旧单着。不屑努力的人说："差不多就行了，还是多操心找对象的事吧！"羡慕嫉妒的人说："财迷心窍吧？赚钱没够！"

我也调侃过暖暖："你现在是不是觉得，只有钱能给你带来安全感？不太相信感情了？"暖暖笑了笑，没直接回答我的问题，而是扯了一句："我可不是那种失恋一次，就骂全世界没有好男人的主儿。"

然而，那天晚上，我在暖暖的微博里看到了这样一段话——"我努力赚钱，不是因为我爱钱，而是这辈子我不想因为钱和谁在一起，也不想因为钱而离开谁。如果问我在爱情和面包之间选择什么，我会说——你给我爱情就好，面包我自己买。"

呵，我总算懂了，这女子是再不想于爱情中掺杂进金钱的关系，她想要的，是一份纯粹的爱，不为钱而委身于谁，也不想将来为了钱而被迫离开谁。

写到这儿的时候，我又忍不住想起了菁姑娘。她爱上了家境不富裕的小伙子，对方也真的是有情有义，但菁姑娘的父母就是不同意。为了跟心爱的人在一起，她和父母断绝了关系，父母连她的婚礼都没有出席。菁姑娘以为，今后可以慢慢地能够融化父母的心，一切都来得及。但现实，却给了她重重一击。

孩子出生一年后,丈夫突发脑溢血,昏迷两个多月后,总算恢复了意识。可惜,身体留下了残疾,半个身子不能动,只能日后慢慢进行康复训练。菁姑娘原本还是很坚强的,丈夫昏迷不醒的时候,公公都说要放弃,她却坚持要给他治疗。其实,他生病的时候,家里只有2000块钱,所有的治疗款都是借的。

当这场风波过去后,所有人都以为天下天平了,至少人都还在呢!没想到,时隔一年后,菁姑娘在撕心裂肺的痛哭中离婚了。生活的重负,她背负不起,每个月不足3000的工资,让她对未来失去了信心。当年所想的,不过是找一个能依靠终生的情郎,却从未想到过,生活还有这样的时刻,山一样的男人也可能会倒下。

有时候,我在想:如果菁姑娘能撑起这个家,年收入不菲,或是有出色的事业,结局会不会好一些?

就像女演员刘涛,在众人瞩目下嫁给了王珂,却在婚后不久,目睹了丈夫生意一落千丈,陷入重度抑郁中。她没放弃这段感情,没放弃王珂,而是一点点地帮王珂戒掉了药物依赖,以更大气、更深邃的形象出现在荧屏上,演艺之路越走越宽。提起她所做的一切,丈夫王珂说:"别人都是风风光光地嫁入豪门,而她是嫁给了我,只身撑起了一个豪门。"

于平凡的女子来说,我们不奢望豪门,但能否在生活遭遇滑铁卢的时候,撑起一个简单平凡家,继续把日子过下去,行不行呢?

近两年,我的工作一直排得很满,辛苦是肯定的,但我也很享受这份踏实和自足。我在不断努力,希望每年上一步台阶。颇有意思的是,身边也有许多人跟我说:"一个女孩子,那么拼干吗?""你赚钱没够呀?"我通常都不解释,偶尔会顺意地说一句:"没办法,天生劳碌的命。"

事实上，我赚钱，不是因为我多爱钱，而是我看到了生活充满变故，唯有让自己变得足够强大，足够优秀，才能够撑得起自己想要的生活。于感情上来说，经济独立是我的资本，也是我的骄傲。遇见了比我优越的人，我不会觉得是高攀了他；遇见了真爱的穷小子，我也不会让俩人的日子过得太寒酸。这，才是我努力赚钱的意义。

遵从内心，不负努力

人生就是一张试卷，上面有很多选择题，怎么选择全凭你自己。纵使人生的选择题没有标准答案，选择的时候也要遵从自己的内心，日后少一点后悔，就算不负此生。而且，你会发现——只要是遵从自己内心做出的选择，你一定会比任何时候都要努力，因为你想用行动去证明：你的选择是正确的。

与苏锦重逢是在国展书会最后一天，彼时，我们已经有半年多没有任何联系了，本以为生命中再无交集的人突然出现在你面前，还说要请你喝咖啡，还是蛮讶异的。

我们选了临窗的位置落座，在卡布奇诺的香气中，苏锦说："亚娟姐，我现在开始后悔了，当初就不应该听我妈的建议，回家乡做什么银行系统的工作。现在我每天做着自己不喜欢的事情还要强颜欢笑地应对各种复杂的同事关系，真是身心俱疲啊！你说我现在该怎么办？"

苏锦曾是我部门的一位编辑，半年前，因为工作上遇到了一些不顺，加上她妈妈不停地在电话中跟她鼓吹在家乡为她谋求了一份多么安稳的工作，于是，她动摇了。

她提离职，我并不感到意外。她心有余而力不足，她很努力认真，却始终跟别的编辑之间有点差距，这些我都看在眼里。

但我能感觉到她是真心热爱这份工作，都说兴趣是最好的老师，我相信假以时日，她会做出成绩来的，于是我试图挽留她。

"苏锦，你不要急，你先不要跟其他编辑比，你跟你自己比，你不觉得你已经比刚开始来的时候进步很多了吗？"我看着她说。

她微微一愣，抬起头来。

"你之所以做书慢，只是因为做图书封面的经验不足，而公司对封面的要求又很高。可是你在写方案方面、做版式设计方面进步都很大。"

"你不需要跟别人比，只要跟自己比，今天比昨天进步了一点，就算成功。"

苏锦是来提辞职的，她以为我会很爽快地答应，没想到我会跟她说这些，一时她不知道该回应什么才好。

见她沉默，我问她："你大学是学什么的？"

她回答："会计。"

原来她和我一样，都是半路出家，学了别的专业却从事了文字方面的工作。可见是对文字工作足够热爱。

我让她把母亲和我说的话都抛到一边，仅仅遵从自己内心的声音，一周以后，再来告诉我走还是留。

一周后，苏锦选择了离开，我当然尊重她的选择。

这半年多没有她的任何消息，我想她应该是过上了自己想要的生活，并刻意避免跟我这个昔日上司联系。所以，对于现在突然出现在我面前，并抛给我一个那么沉重话题的她，我一时真不知道如何回答。

窗外，霓虹灯不停地闪烁，五彩的光映照在苏锦施过淡妆的脸上本应熠熠生辉，但她眼中的焦灼与落寞却让她看起来疲惫不堪。

我跟苏锦说："你的具体情况我不是很清楚，但我的故事或许能给你一些启发。"

年少时，关乎我人生的很多次选择都是由父母做出的，我自己并没有选择的机会，或者说是我没有赋予自己选择的权利。

中考填志愿时，父亲让我填了师范学校和重点高中，后来我的分数能上重点高中，他觉得我上高中考大学比较有出息。于是，我上了省重点高中。

高二文理分班时，明明我喜欢文科，父母却认为"学好数理化，走遍天下都不怕"而让我选了理科。

直到高考失败，我的分数和本科无缘，父亲觉得望女成凤梦破灭，成天发脾气。

虽然现在在我看来，人生足够漫长，如同一部厚重的书，高考只是其中一页，不管考得好与坏，翻过去就是了。

但当年，对十八岁的我而言，高考的意义重大，是决定人生成败的分水岭。高考失利，在亲戚异样的眼神和父亲的责骂声中，我体会到深深的挫败感。

在选择复读还是直接上一所大专院校时，父亲选择了让我上大专，他担心我复读不一定能考好。这一点其实正如我意，我也惧怕重过一遍那种每天算着高考倒计时的黑暗日子。

为自己的人生做选择题，是从我离开父母身边开始的。

我是在扬州某大学读的大专，扬州城风景秀美，宛如清新淡雅的江南美女，激发我很多创作灵感。高中时写小说被父母认为是不务正业，现在进了大学，终于可以泡在图书馆读喜欢的书，听喜欢的音乐，写喜欢的文字。

跟单调又辛苦的高中生活相比，大学的生活丰富多彩又自由自在。美好的大学生活中，我给自己的唯一压力是——我一定要考上本科。定这个目标，有两个原因：一是我希望能充分利用大学的时间来提高自己，以弥补高考失利的遗憾；二是当时的就业形势所需，用人单位倾向选择学历高的人才，我希望将来自己求职时不会因为学历而被拒之门外。

学历更高意味着在求职时有更多选择权和自主权，能够选择自己相对喜欢的工作。

就像龙应台在《亲爱的安德烈》这本书中对安德烈说的那样："我也要求你读书用功,不是因为我要你跟别人比成就,而是因为,我希望你将来会拥有选择的权利,选择有意义、有时间的工作,而不是被迫谋生。"

大二时,有了"专转本"的机会,但是高昂的学费却让我有些望而却步,毕竟家中经济条件有限。

我打电话跟父母商量要不要参加"专转本"考试,父亲说可以去试试看,考上后去不去上再说,如果我非要上,只能自己想办法付学费。母亲则坚决反对去考,说供我读大专已属不易,家里弟弟、妹妹上学也急需钱,我不能如此自私,为了自己的前途不顾弟弟和妹妹。

归根到底,父母并不支持我去考试,理由是没钱支持我继续深造。

打电话的那个夜晚我失眠了,辗转反侧,左思右想,最终我决定去参加考试。

这是我第一次违背父母的意愿,也是我第一次为自己的人生做选择题。

我无法想象如果当初不去考试今天会怎样,我只知道,我从来没有为这个决定后悔过。

后来,我通过"专转本"的初试和复试,进入一所重点大学。学费问题是我自己解决的,通过助学贷款和给杂志写文章赚稿费,我顺利读完了大学。并且,在这所大学里,我收获了一份难能可贵的爱情。

也是从那次亲自为人生做选择题之后,我才真正学会了独立。从那之后,虽然父母还是会时不时给我意见,但我仅作参考,每次做选择的决定权还是在于我。

大学毕业进入社会后,面临的选择就更多了——和他谈了这么久恋爱,该不该和他结婚过一辈子?房价下降了,该不该在这个时候买房子?工作做得不是很开心,该不该选择辞职?

对于职场中人而言，最常见的选择莫过于跳槽，这时，身边的人会给你不同的意见，你有时难免会失去主张。

就拿我上一次跳槽来说吧，那次选择比以往任何一次跳槽都要艰难。

我在那家公司创建了女性阅读品牌"蝴蝶季"，从2008年1月出版第一本带有"蝴蝶季"logo的图书起，到2012年12月的整整五年时间，出版了上百本图书，也培养了不少原创作者。我的五年青春时光在"蝴蝶季"绽放，我的爱好和梦想在这里发芽、生根，我对"蝴蝶季"有着难以割舍的深厚感情。

因此，当新公司几次三番向我抛出橄榄枝的时候，我犹豫了。

新公司给出的薪水也不是很有诱惑力，跟之前的待遇差不多。此时，身边的朋友、家人都劝我留下来，公司领导得知我有去意时，也表示来年给我加薪。只有作者们作为被拖欠稿费的受害者，支持我离开，说如果我到新公司发展得好，他们也跟着沾光。

说实话，当时我真的左右为难，一时间难以抉择。

可权衡再三，我决定接受新公司的offer，但是提出了一个要求，希望不打卡考勤，不要求每天都去公司，实施弹性工作制。

我提这个要求不是懒得去公司，而是希望如果新工作忙得分身乏术时，我能留有一点时间照顾家庭、陪伴孩子。再忙的工作狂也不能忽略孩子的成长，毕竟孩子的成长只有一次。

虽然在新公司我享受的是弹性工作制，但实际上我比从前更努力。因为我要让当时不赞同我离开的人，甚至对我的选择冷嘲热讽的人明白，我的选择是对的。后来，事实证明如此，两年的时间里我给自己交出了满意的答卷。

苏锦听我说完这些，似有所悟，她望着我，真诚地说："亚娟姐，我明白了，我还是要自己做选择，不要被别人的意见所左右。当初我要是不听我妈的建议回老家，说不定现在已经做出一番成绩了。实不相瞒，我已经辞了家乡那份安稳但无趣的工作，准备重新做文字相关的工作，我的爱好在这里，我愿意用汗水来浇灌我的梦想，我想，我终有一天会成功，像你一样。"

"如果你说的成功是指遵从自己的内心做自己想做的事，那我可以做你的榜样；如果你是指权力、财富、地位的话，我还差得很远。"我笑了，继续说道，"当然，后一种成功有的话咱也不拒绝。但我还是觉得，无论何时何地，做快乐的自己，能够选择自己想要的生活，比所谓的成功更重要。"

活在当下是最好的人生姿态

昨晚和同事聊天,她说到自己一个姐妹儿,在北京做地产项目负责人,职务已经做到片区总。三十出头,单身贵族,凭着自己努力,购买了两套房产。我随口问了句"还没有结婚的对象吗?"

同事说,没有。但她现在的日子过得很好啊。她经常说,你现在是什么样子,就安心地接受现在的状态,你现在的样子,就是最好的样子。

那些该是你的,终会在路上,何必急于一时,那些不是你的,无论你如何费尽心思都不会得到。

这样的想法,给了我些许震动。

我为什么要按照你认为的幸福的方式来活呢?

你凭什么觉得我过得不幸福,来怜悯我呢?其实,我真的不需要。

熟悉我的朋友,看过我之前的一篇《订婚那天,我们一起失恋》的文章。在下笔之前,我对钟林满心的心疼。总也觉得她一人在外,很是委屈。

可当我还没有收笔的时候,我的想法已然有些微妙的变化。

什么对她来说,才是最好的结局呢?

我凭什么认为,她赶紧找个男朋友才是修成正果呢?

她在结婚以前,和不适合的男朋友分了手,尽管过程哀伤感人,但长远来看这真的是好事,告别了错的,才能和对的相逢。

我之前总会催她抓紧找个男朋友,可现在我真的不再这么想。

我不想，以"为你好"的名义，绑架她。

尽管加班只睡了四小时，可她依旧可以在一个小时的地铁里看几十页的书。

她可以在压力大的时候，戴上口罩和耳机，不需要跟任何人交代，暴走十几公里。

她可以在不用做空中飞人的周末，睡个大懒觉，然后窝在自己收拾的无比温馨的小窝里追剧看电影。

她很好地保持着身材，然后在个人社交平台上晒出来照片，配一句"自恋出了新高度"的潇洒旁白。

她可以有说走就走的旅行，去异国看看别样的风景。

她在上海靠自己的努力，拿到了一份几十万的年薪。

父母安康，有可以为之辛苦的工作，也有养活自己的能力和本事，爱情还在来的路上，她可以随心所欲地畅想自己想要的爱情的模样。

这难道，不是一种最幸福的状态吗？

她喜欢现在自己的样子，这就是最好的样子。

很多人，谈个恋爱就觉得全世界单身的人都很可悲，这是一种很狭隘的同理心。我们的幸福与否，不取决于单不单身，不取决于别人的眼光，只取决于个体自身，对于现状的正确打开方式。

你现在的样子，就是最好的样子。

如果你还年轻，那么你的人生才刚刚开始，什么都是新的，什么都还有期待，父母还都年轻。

如果你还单身，那么你什么都是自由的。

如果你已婚，那终于有个知冷知热的人，让你寄托心中的爱意。

如果你有了孩子，你将体会生命所给予你的恩赐，生活虽然累，但什么都不能替代为人父母的欣喜。

我所说的并不是要让你安于现状，只是我们都会走在上升的路上，你不可能一毕业就做老总拿年薪，你不可能不经历经营、成长就收获爱情和家庭。

但请你相信，那些终会到来。

我在刚进现在的公司的时候，一直想要下一线带项目，但出于各种原因，领导始终不放我走，要我继续做公司品牌负责人。

后来我渐渐看到现在职务的优点：除了是外向型岗位，能够整合各方资源，偶尔有几分指点江山的气魄外，工作还很稳定，周末基本不用加班，这让我很顺利地度过了结婚生子的人生节点。

现如今，我反而不急于下项目，我知道这一天终会到来，我也可以预见到那会是怎样的不可开交，我选择在那之前，好好陪伴家人和孩子。

常会有应届的本科生或者研究生羡慕我们这些已经开始做起负责人的哥哥姐姐，但他们或许不知道，我们也羡慕着他们的年轻，羡慕着他们有着无限可能的未来，羡慕着他们无所顾虑没有牵挂。

你在桥上看风景，看风景的人在楼上看你，明月装饰了你的窗子，你装饰了别人的梦。

学会接受现在的自己，享受当下你所拥有的，大胆追求你所期望的。因为时间终将给你应该属于你的东西，你终将成为更好的人。

在每个人生阶段不惴惴不安，活在当下，不对自己失望，不以己之弊较他人之长，徒增烦恼。

无论你正处在人生中的哪个阶段，你现在的样子，就是最好的样子。

成熟的标志就一定是能够控制自己的情绪

今天我24岁了,离30岁又近了一些。

大概是因为生在冬天的缘故,我格外喜欢冬天。冬天也是这座城市最好的季节。我一直觉得很奇妙,杭州的梧桐,在冬天叶子不会全部落下,而是一半落在尘土,一半留在枝头。留在枝头的那些叶子,也不会全部枯黄,是一些绿色、一些黄色、一些红色,远远地看着,五颜六色的,特别漂亮。

偶尔我会抬起头,看着高大的梧桐树,枝丫分明,树枝长长地伸向天空,黄色的枝丫映衬在蓝色的天空之下,呈现出一种寂静的美感。金色的梧桐叶,簌簌落在街道两旁。我裹紧了外套快步走在路上,迎面吹来凛冽的风,让人清明透彻。

昨天夜里下了一场雨。不知道是雨声扰人,还是被手机吵醒,我从睡梦中醒来。梦里梦见谁走了,留下一首歌。在黑暗的房间里,我找到手机,看到手机屏幕上满屏的祝福信息,觉得莫大的安慰。

雨声让我有些恍惚,脑海中闪现生命中的一些吉光片羽。它们无以名状,却总是在时间的某个节点,像电影镜头一样一次次闪回。一个人睡的晚上,我把脑袋从被窝里探出来,边听着雨声,边回想起我的二十三岁、二十二岁、二十一岁、二十岁。

大学和工作,拼出了我的这四年。大学那几年,唯一学会的就是两个字,低调。以前我以为这是一种成长,现在我会想,如果成长是让你磨平自己的棱角，让你失去表达自己的勇气，让你变得世故，那这种成长我宁可不要。

很长一段时间，我觉得我的低调、谦逊、沉默是一种优点，现在我觉得如果这被划分到态度的两极，那一定是消极的。

真正的成熟，不是收敛自己的光芒去取悦别人，而是让人欣赏你作为一个独立的人存在，这才是我们对自己，对他人最大的尊重。

离三十岁十年之期快过半，我感受到了前所未有的压力、焦灼、惶恐。加完班的晚上，我总是会习惯性地在过街天桥上驻足，望着远处万家的灯火，似乎能够望穿生活的玄机。也会想，毕业后这几年，我的梦想都实现了吗。

可是我们所谓的梦想到底是什么？

我的室友是一个没有明确目标的人，在一般人眼里，或许她就是一个没有梦想的人。可就是这样一个没有梦想的人，对工作极其地认真，对自己极其地负责。她常常在深夜十一点加完班回到家，还打开电脑写策划；她也会熬夜写剧本，写到凌晨三四点。可是即便努力如她，她还是常常跟我说，"我觉得自己不够努力，成长得太慢了。"于是有一天我问她，为什么你没有梦想，却还这么拼命？你为的是什么？

室友对我说，如果有一天她成功了，一定不是因为她有多么明确的目标，而是因为她把当下手边的每一件事情，都做到极致、做到完美。"只要是过我手的事情，不管我喜不喜欢，我都尽力把它做好，不管能不能做好，至少我会抱着把它做好的态度去做。"

她让我明白，与其追求远方触不可及的梦想，不如做好手边每一件触手可及的小事。因为根本无所谓实现的梦想、成功的人生，只有实现的小事、成功的事情。比如说你策划了一个成功的案子，拍了一部成功的电影，写了一本成功的书。如果梦想是你所幻想的不切实际的未来，期待的所谓成功的人生，那是不存在的。因为任何人的人生都有别人看不到的委屈和不甘，任何人的梦想也可能只是昙花一现。

这些天，我经常莫名地关注以前的同学、朋友，那些曾经与自己一起毕业、一起实习、一起加班，一起挤公交吃着麻辣烫的朋友们，都有了很多的变化。当然我也会莫名恐惧。你会害怕吗，跟你在同一起点的人，慢慢走得比你更远？会害怕跟你同龄的姑娘都已经结婚生子，而你还孑然一身沦为别人生活里的看客吗？

但是，你知道吗，几年以后，当我真的到了三十岁，我并不要求自己一定要爬到什么位置，也并不一定要结婚生子。我的三十岁，是即便最后没有实现这些，也不因此而恐慌。我希望那时的我已经有了自己的节奏，不被别人的看法所左右。不天真，也不世故。不跟随别人的轨迹，不再桎梏在世俗的框架里。

道格拉斯·米尔多说："一个人的年纪就像他鞋子的大小那样不重要。如果他对生活的兴趣不受到伤害，如果他很慈悲，如果时间使他成熟而没有了偏见。"

我不能说，成熟就一定是没有偏见，成熟的标志就一定是能够控制自己的情绪。也许我永远都像现在一样，看上去好像与这个世界格格不入，也许我永远都学不会左右逢源，我只希望未来的我，能拥有"你说的是对的，我的也不一定是错的"的底气和胸怀。

毕竟，接受、思考、感恩，比什么都重要。

好友思思贴出一张几年前她给我过20岁生日时的照片，她说，她记得她给我过的每一个生日，在哪里，吃了什么，和哪些人，我说的话。

时光最是绝情，没有人能永远二十岁。记忆却如此多情，总有人会记得，你二十岁羞涩而单纯的模样。

不要把最好的时光拿来杞人忧天

站在人生的分岔路口，面对来来往往的人群，看着别人在我们眼前不断地穿梭，却不知道自己该何去何从，心中有少许的无助与迷茫。

越长大，越发现我们需要兼顾的事情在渐渐地增加，职场、爱情、父母、人际等，不断挤进我们还未完全成熟的内心。当事情多得应付不来，眼前的一切没办法得到很好的解决，内心充满了压抑，很多人迷茫，很多人忧虑，各种各样的症状出现了。

[1]

前几天，有个读者跟我说，不知道跟男朋友还有没有未来。我问她，是出现了什么情况吗？

她说："我们两个人刚毕业不久，现在在同一座城市发展，男朋友想要自己创业，有时候为了赚多点钱，还会去摆地摊。但是，我不希望男朋友创业，希望他能够有份稳定的工作。我俩交往到现在也有4年了，父母一直希望能够带彼此回家，让家人过一下眼，看看另一半究竟是怎样的。但是，我还是挺担忧未来的。"

我问她："那你自己是怎么打算的呢？"她说："想给他一年的时间看看，看以后发展得怎么样。"

其实，既然当下，男朋友有了自己的目标，也在为着这个目标努力，何不给他多一些信心呢？

很多恋爱中的女生，总会去思考未来的种种，继而各种担心，有了情绪，也会很容易跟男朋友吵架。其实，与其担心未来，不如好好把握现在，不要轻易把梦想寄托在别人身上。既然考虑到了彼此的未来，那么，两个人就一起好好为未来努力，当彼此变得更好了，你们的未来也不会太差的。

[2]

在职场中，也有很多人在担忧未来。

认识一个男孩子，今年毕业，现在在一家刚成立的小企业工作。他跟我说，公司刚刚起步，项目周期有点长，而且很多事情都得自己去摸索。从接手一个项目到项目完成，需要花费很长的时间，感觉这么长的时间，自己耗不起，不知道何去何从。内心很着急，就想赶快学到东西，赶快完成项目，赶快成功。

赶、赶、赶，赶着学更多的东西，赶着时间，赶着寻找出路，赶着成功。

想起一个咖啡饮料的广告，文案是"赶第一班公交，赶最后一班地铁，赶稿子，赶会议，赶进度，赶在过年前带个女友回家，赶在情人节把自己嫁出去，花一辈子时间，赶时间？"

这应该是很多人的状态，一直在拼命地赶，却没有办法好好地过好当下。我们总是担心以后来不及，所以不断地追赶，而在追赶的过程中，却不断陷入迷茫，失去了方向。

[3]

看过一期节目,是杨澜采访乔丹。杨澜问乔丹:"你很多年来在各个方面都取得了成功,你的动力是什么?自此以后,你的目标是什么?"乔丹回答:"我不知道,我活在当下。眼前的事每天都会发生变化。"

所以,何必去担心未来?未来每天都在变化,我们没办法预测,唯一能过好的,就是当下,着眼于眼前。

人生最坏的结果,并不是未来过得不好,活成自己不喜欢的样子;而是当下拥有变得更好的机会,可是,你却在担忧中错过了改变的时机。

所以,不要把最美好的时光,拿来杞人忧天。踏踏实实走好当下的每一步,才是最要紧的。

认清你是谁，再考虑往哪里走

不识庐山真面目，只缘身在此山中。

随着咨询个案的累积，我越来越发现，很多职业问题的背后，其实有着更为深刻的因素。

在这些因素里，认知自我是我们每个人终将经历的人生课题，你为什么会成为现在的样子？你今后的路又该如何选择？

你的内心其实一直有一个答案，经由一些专业工具和分析，你才更容易发现，那个曾经被你遗忘的、真正的自我。

[案例背景：一名职业模特的焦灼]

一天中午，微信中的"叮咚"声成功引起了我的注意，我打开一看，原来是小杰（化名）给我发来了一张图片和一段语音，照片里的她站在一片花的海洋里，笑靥如花。

高挑的个子、大大的眼睛、爽朗的笑声，展现在我眼前的小杰和我想象中的别无二致。

一年多前，小杰曾经找过我做过一次咨询。

当时电话那头的她显得焦灼不安，从她递交给我的信息表来看，当时她在一家模特公司做职业模特，收入在她那个年纪里算是佼佼者了。

在常人的认知里，模特这个职业多么光鲜啊，每天在炫耀的T台上摇曳着婀娜的身姿，展现着自己与生俱来的美丽，同时还能赚上一笔不菲的收入，这是多少年轻女孩可望而不可即的梦想啊！

18岁那年，小杰参加了模特培训班进行学习与训练；19岁那年，她参加了一场模特大赛，获得了不错的名次。

从此在模特这个职业上，小杰几乎顺风顺水。

26岁那年，小杰已是圈里资深模特了，经由朋友介绍，她来到了一家模特培训学校工作，不到两年的功夫，就做到了校长一职，收入相当可观。

可不知为什么，小杰却越来越焦虑。

按照她的话说，这么些年来，她仿佛一直在过着割裂的生活。

在镁光灯的照射下，一切都是那么的浮华，仿佛上演着一场又一场人生盛宴；而当镁光灯褪去，席卷而来的是大段大段的孤寂、落寞甚至惶恐，她不知道自己到底要过怎样的生活，更不知道未来的路应该往哪里去走。

于是，她找到了我。

[是什么造就了你的现在]

我告诉小杰，每个人都对美好的事物心生向往，那么在你的一生中，你认为哪些是你想要的呢？

请花上十分钟左右的时间，仔细地写在一张纸上。

小杰很快就呈现出了结果。

收入、安全感、社会地位、人脉资源、亲密关系、舒适、多样生活、美感……一共二十来项。

我告诉小杰，我们每天面临的选择焦虑，背后其实是我们的价值观在起作用。

越是明确的价值观，越能够在我们困惑的时候，帮助我们首先做出遵从己心的判断与选择。

很多时候，之所以我们会感觉到无所适从，不知道选择哪一条未来的路，是因为我们并不清楚我们自己的价值体系，不知道什么才是我们生命中最重要的，以及当面临两个选项的时候，我们如何判断哪一个更好。

所以接下来我让小杰做了举动，那就是从这二十多项里，一轮一轮地删除，只留下最后的三个选项。

小杰告诉我，这个过程让她颇为痛苦，因为她第一次发现，原来自己什么都想要，现在却不得不有所取舍。

小杰最后呈现给我的三个价值观分别是：收入、社会地位、美感。

我问小杰，你发现了什么没有？

小杰说，这个过程让人倍感痛苦和纠结，但做完之后她突然明白，之前的自己不就是遵循内心的价值观，加上各种机缘巧合，选择了模特这个行业吗？

[对境遇的不满，究竟从何而来]

经过分析，小杰处于典型的"职业倦怠期"，也就是说她的能力完全能够胜目前的岗位要求，反倒是这个岗位无法给她带来想要的东西。

小杰到底想要什么呢？

这就要从人生的一个终极命题着手了，那就是"你想成为怎样的人？"

我告诉小杰，其实人生就是一个不断取舍的过程。

从维度来说，一个人的生命一共有四个度，分别是"高度、深度、宽度与温度",简称"生涯四度"。

高度的终极价值在于权力与影响力,政治家、企业家是追求高度的典型代表;

深度的终极价值在于卓越与智慧,科学家、艺术家是追求深度的典型代表;

宽度的终极价值在于爱与和谐,它能帮助我们打开人生中多种不同的角色,让生命变得丰富多彩,例如特蕾莎修女就是宽度人生的典范;

温度的终极价值在于自由,它是指我们对生命的热度,我们对生活有多大的热爱与激情,就能多大程度活出自己的本来面目。

每一个领域杰出的人,都是在用其他维度的价值兑换他聚焦的那个维度的价值,甚至为了达到某一维度的巅峰,放弃了其他维度。

例如,张国荣在高度深度方面都堪称完美,却感受不到温度,失去了活下去的勇气;

杨丽萍的人生是深度的典范,但因为身体原因,没有办法成为母亲,她的深度是以宽度为代价的;

政治家的人生是高度的典范,但有时会显得不近人情,是以牺牲宽度与温度为代价的。

"如果你想要什么,你就必须放弃什么;如果你想要特别多,你就必须放弃特别多。"我对小杰说。

"我明白了,晓璃姐。为什么我之前如此焦虑?是因为我清楚优越的外形条件是天生的资源,但终无法长久。在这个圈子里做久了,我真的感觉在这个充斥着浮夸、包装、一夜成名的神话世界里,我活得好累好累。我见识了太多泡沫般的浮华,也经历了太多不为人知的艰辛,甚至有些艰辛,不是正常人能够承受的。正如你说的生涯四度那样,在这行打拼的人,正是用自己生命的宽度与温度为代价，去换取他人眼里难以企及的高度。"小杰说。

"那么，你现在找到了痛苦的根源，不是吗？"我问小杰。

小杰点点头："是的，那么下一步，我要怎么走？"

我给小杰32分，让她尽情畅想，自己理想的人生是怎样的？并给这四个维度打分，最高分不能超过12分。

小杰在这一步显得有些艰难，足足花了二十分钟的时间，她才给我呈现最后的结果。

看到这个结果，我大概明白了她感到焦虑的根源所在。

[找到属于自己的生命维度]

小杰给我呈现的，是她对于未来的勾勒。

她给深度打了12分，宽度10分，温度8分，高度2分。

小杰说，这真是一个艰难的抉择。

她一直以为成功就是名利双收，事到如今才发现，自己内心渴望的生活，是靠自己的手艺赚取有尊严的生活；她特别注重和家人朋友的关系，渴望有个温暖的家；她希望自己的生活充满阳光，不要那么多阴暗，不用卑躬屈膝、口是心非。

如果想要过上这样的人生，她明白，自己可能爬不了那么高，所以她最终决定放弃高度。

我接着问了小杰一些问题，比如，你是否考虑过好好谈一次恋爱，组建一个家庭？你是否能给自己一段时间，好好照顾父母？是否做好了充分的心理准备，给自己充足的时间用来回归正常生活轨道，在未来的某一天，允许自己变胖甚至身材走形，成为一名母亲？

小杰的回答是肯定的。

我继续问她，那么你有没有发现自己擅长什么？你是否有一个未曾泯灭的童年梦想，一直没有实现？你是否有意愿梳理自己的过往，让自己身心合一？

小杰没想到咨询会走到这一步，她开始和我说起童年的梦想以及过往的经历，渐渐地，我们共同发现，原来在她的内心深处，向往一份笃定的踏实感，而这份笃定，来源于辛勤的劳作以及不诳不骗的生活方式。

这一场咨询下来，我和小杰仿佛走了一段长长的路，最终小杰欣喜不已，她兴奋地告诉我，她终于确定自己要做什么了。

她说她暂时保密，等做出点头绪再和我分享。

[幸福的方式不止一种]

微信里的图片和语音再次将我拉回到现实，小杰说，那次咨询后，她来到了一座美丽的小城，用之前在模特行业的积蓄开了一家手工编织店，除了出售编制品外，还开设编织班，教那些全职妈妈们编织的手艺，让她们的生活变得更加丰富多彩。

经过一年左右的经营，如今她的小店渐渐有了起色，慢慢步入了正轨。

小杰还告诉我，她下一步的打算，就是再用两到三年的时间，在这座城市买一栋大房子，把父母接过来颐养天年，与此同时，静静等待她生命中的白马王子出现，完成结婚生子的人生大事，来一场热气腾腾的日子。

曾几何时，有一组漫画在朋友圈疯传，叫作《都是一辈子》。

漫画说的是两个农村娃的故事，一个叫小强，一个叫小明。

小明日夜苦读，考到了城里的大学，读的是建筑与桥梁专业，后来经过打拼，成为了高级路桥工程师，在城里买了车买了房，但由于长期透支身体，七十来岁就挂了；而小强没有考大学，留在村里，娶了媳妇盖了房，老婆孩子热炕头，八十来岁磕着旱烟袋望着远远的山，山上就是小明的坟墓，于是感慨了一句："哎，都是一辈子呀。"

但细细想来，同样的一辈子，因为追求不同，人生道路也就不尽相同。

一个追求高度，一个追求宽度。

这两个人都活出了自己的一辈子，他们都完成了自己的人生脚本。

如果强令小明放弃一切回农村，或者强制小强发奋苦读去城市，故事的结局可能都差不多，但不同的却是，当事人小强和小明内心的感受。

有句话是这样说的：

你可知人生最大的痛苦，莫过于你的内心选择了一条生涯之路，却非要绑架自己走另一条路；

选择某一种生涯，就意味着你要承担这条生涯路上所有的责任与缺陷；

如果你选择了平衡，就意味着你需要放弃某一维度达到巅峰的可能。

这正是你写给自己的人生脚本。

而在你迷茫的时候，生涯规划师首先要做的，就是帮助你找回那个曾经迷失的你自己。

小贴士：

痛苦是一次认知自我的契机，不要逃避也无须躲藏，如果你能利用这个契机，走近那个真实的自己，你的人生就有可能启动幸福的按钮。

想要认知自我，可以尝试着梳理自己的价值观，它可以很好地解释你为何走到了今天这个地步。

如果现状让你痛苦，则需要进一步分析，是因为情况发生了变化，还是你走的路并不是你内心的选择？

如果是后者，请用生涯四度这面镜子反观下自己，看看自己的内心到底追求怎样的生涯维度。

先认清你是谁，再考虑往哪里走。

不知道自己要什么，你所走的每一步可能都是错的。

时间最美，
品味生活

无论你面对怎样的人生局面，
你都能用乐观向上的心态，
意识到你的幸福！

人的一生，就是一场体验

[1]

小学时穿公主裙去同学家玩。她姐姐见了，艳羡不已，追着我问哪儿买的、多少钱、有没有大码，然后央求她妈给她买一件。

她妈皱着眉说，你都多大了，这种衣服穿得出去吗？

她说我从小就喜欢，你不给我买，我做梦都想要一件这样的裙子。

她妈说别说那时候的事儿了，反正现在你是不能穿这种了。

当时她那一脸绝望啊，我至今忘不了。

而昨天，那种绝望出现在了我心里。

——去年我买了件碎花衬衫，也是我小时候一直心水却没得到那种。买的时候很清楚，是少女款，但鉴于实在喜欢，还是不由分说抱回了家。

之后它就一直挂在我的衣柜里，一次也没实现过作为一件衣服的使命。

昨天我要去见闺蜜，想着无论如何穿它一次。

可是披挂上身站在镜子前，那画风诡异得我真心不忍直视。

最后还是脱下，又挂了起来。

挂好后，我看着它，心里说不清的难过。

不得不承认，有些愿望，当时没实现，就永远不会实现了。

[2]

前段时间带着儿子去游乐场玩。

照例要坐过山车。

照例是先生陪他坐，我旁观。

他们在上面呼啸飞驰时，一个大姐在旁边问我：你怎么不坐？

我说不想坐。

她说看着挺好玩的。

我说当时好玩，下来头晕。

她说我都没坐过。年轻时舍不得花钱，现在坐不了啦。

很遗憾的语气。

我想她未必是多想此刻体会一下坐过山车的刺激和欢乐，而是，她觉得自己的人生中，缺少了一种体验，从而不够圆满。

我们其实也常常有类似的感受：世界有很多新奇花样，而自己在最合适的年纪错过了，年纪渐长后，纵有机会，也已无力消受。于是看着别人纵情欢乐，心里会莫名生出一丝酸，一丝痒，一丝无奈，一丝遗憾。

比如三十岁时看着小女孩翩然地穿着你从未拥有过的公主裙。

比如四十岁时看着高中生全心投入地做漂亮的义卖海报。

比如五十岁时看着年轻人呼朋唤友泡吧、跳舞、通宵打游戏。

比如六十岁时看着新婚夫妻去海外旅行，拍下许多热烈优美的照片宣誓和铭记爱情。

……

你一定会想：真好，可惜我没体验过。

也不是不能再尝试，只是，早已不合时宜。

[3]

人在不同的年纪，会遇到不同的世界。

五岁时，世界是玩具店、甜品店、游乐场。

到二十五岁，商场、酒吧、电影院的门打开，玩具店的门就关上了。

到了五十五岁，茶馆、古玩店、棋牌室的门打开，酒吧的门就关上了。

再到七十五岁，公园、医院、花鸟市场的门打开，其他门，就关得差不多了。

很多门，开着时若不进，关上了，就进不去了。

只是我们常常察觉不到，那些门，在一扇扇关闭。

在我们的意识里，玩具店、酒吧、美妆店永远都在那里，只要你想进，随时。

而事实上，错过了合适的年纪，你可能就真的再也没有机会去体验。一不留神，就已经被拒之门外。

意识到时，心里难免遗憾。

[4]

我们当然不可能永远守着游乐场的门，不让它关闭。

真正让人遗憾的，其实不是游乐场的门关上了，而是在它向你敞开时，你没有痛痛快快地享用它。

世界是个大游乐场，如果你在开门时就冲进去，尽兴地把所有项目玩过一遍，那么到晚上关门，你离场时就会心满意足。不会哀叹怎么忽然就要离场，也不会多么羡慕明天要进场的人。毕竟所有的精彩，你都体验过。

而如果你在里面睡了一天，到日暮西山时才醒来，忽觉那么多精彩都已无福消受，那一刻，离场的号角，才会备显悲凉。

我坐过过山车，即便将来老了不能再坐，亦能坦然接受。

而那位没坐过的大姐，看着人们在上面惊叫欢笑，心情就会有所不同。

我们在年轻时放肆地哭过笑过爱过恨过，将来老了，看着年轻人爱得死去活来，心里就云淡风轻了，毕竟我们体验过。

而若没有，八成就忍不住想，到底是怎样的心情呢？就会隐隐有些不甘。不甘却又无力，是特别糟糕的感受。

所以，一定要在每个年纪，尽可能钻进那些开着的门，畅快淋漓地去体验。

今天一定要过好，因为明天会更老。

老不可怕，可怕的是该经历的没经历、该体验的没体验，就老了。

人生百味，你若只尝三两种，就干干巴巴、匆匆忙忙地离了场，枉费了多彩的世界给你提供的很多可能性，这是最大的遗憾。

[5]

我因为尝过这种遗憾的滋味，所以，在儿子小时候，我愿意给他买俗气的带着卡通动物图案的鲜艳衣服，只要他喜欢。

我会带他去很多次游乐场，跟他穿很多款亲子装。

我会鼓励他爬树、跳墙、光脚在地上跑，在树叶堆里打滚……

因为我知道，这都是只有这样的年纪才能享有的福利，过去了，就没有这种机会了。

而我自己，也会化妆、旅行、露营、K歌、看演唱会、穿高跟鞋、买拉风的大衣、读艰涩的哲学书、跟闺蜜彻夜聊天、尽可能多地陪父母、工作到天泛白……

这是我这个年纪的福利，在世界对我开着这些门时，我要尽量尽量多地去体验，去收获。

[6]

中国人的观念，过于功利化。所以，我们从小到大听到的都是，你这个年纪，应该好好学习。你这个年纪，应该认真工作。你这个年纪，应该努力赚钱。

很少有人会对你说，你这个年纪，应该泡吧、看电影、坐过山车、穿漂亮衣服、多去一些地方……

好好学习好好工作，这当然是必需的。可是人生除了这条主线，还有很多附加品。只要安排得好，你在为主业拼搏之余，依然可以，或者说必须应该去体验更多。

假期里去野营，不会使成绩变差。

周末去听一场演唱会，不会使业绩下滑。

化漂亮的妆穿高跟鞋去参加party，也不会浪费很多钱……

而正是这些看起来没用的事情，丰富、拓展着你的生命。

人的一生，就是一场体验。把每一天都活得畅快淋漓，才能在走完这一生时，回头想想，觉得这辈子没错过什么，不亏。

木心说，岁月不饶人，我也未曾饶过岁月。

愿我们在老去那一天，都能安然说出这一句。

生活随处都有快乐

[挑剔者的优越感是病态的]

对于相当一部分人来说，吃饭仅仅是一件厌烦的事情：不管食物如何精美，他们总是提不起兴致，他们吃过山珍海味，或许餐餐如此。除非到饥饿变成一种令人不可忍受的感情，他们是永不知道挨饿的滋味的。

即使在这时，他们仍然把吃饭仅仅看作每天都要重复的刻板之事，这种事情只不过由他们生活于其中的社会作了规定。像所有其他事情一样，吃饭令人厌烦，但抱怨是没有用处的，因为没有别的事情比它更少让人心烦。

接下来的一部分人是病人，他们吃饭是为了完成一项任务，因为医生告诉他们，为了恢复健康，进补些营养品是必需的。

还有一部分人则是美食家们，进餐前，他们怀着厚望，结果发现没有一道菜烧得够格。还有一种老饕，他们饿鬼般地扑向食物，暴饮暴食，并且长得太胖，爱打呼噜。

最后还有一种人，他们进餐前食欲旺盛，对眼前的食物心满意足，直吃到饱嗝连天，他们才会停下来。在人生的宴席前，人们对生命所奉献的好东西也有着相同的态度。

幸福的人对应于最后一种进餐者。热情与生活的关系，正如饥饿与食物的关系。

厌食者对应于苦行者，老饕与骄奢淫逸者呼应，而美食家则对应于爱挑剔者，后者将生活的一半乐趣指责为缺乏美感。令人惊讶的是，也许除了老饕外，所有这些类型的人都看不起具有良好胃口的人，反而认为自己是优越的。

因为饥饿所以进食，或者因为生活绚丽多彩、乐趣无穷所以热爱生活，这对他们来说似乎俗不可耐，他们从自己的幻想的高峰俯瞰那些他们认为头脑简单的人，对他们予以鄙视。

[兴趣越多，快乐就越多]

一个人的兴趣越广泛，他拥有的快乐机会就越多，而受命运之神操纵的可能性也就越小，因为即使失去了某一种兴趣，他仍然可以转向另一种。

生命是短暂的，我们不可能事事都感兴趣，但对尽可能多的事物感兴趣总是一件好事，这些事物能令我们的岁月充实圆满。

我们都容易患内省者的弊病，世界向他呈现出万千姿态，他却把自己的思想专注于内心的空虚。我们千万别把内省者的忧郁看得过高。

从前有两台制造香肠的机器，专门用来将猪肉转制成最鲜美的香肠，其中一台机器一直保持着对猪肉的热情，从而生产了无数的香肠；另一台则说："猪肉与我何干？我自己的工作远比任何猪肉有趣和神奇得多。"

它拒绝了猪肉，并把工作转向研究自己的内部构造，而一旦天然食物被剥夺，它的内部便停止了运转，它越是研究，这内部对它来说似乎越发空虚和愚蠢，所有那些进行过美妙运转的部件都纹丝不动了。它不明白，这些机器部件究竟能干什么。这第二台制肠机就像是失去热情的人，而第一台则像是对生活保持着热情的人。

心灵也是一部奇异的机器，它能以最令人惊奇的方式把它获得的材料结合起来，但是如果缺乏了来自外部世界的材料，它便会变得软弱无力。心灵与制肠机的区别是：由于事件只有通过我们对它们发生兴趣才有可能成为我们的经验，因此心灵必须自己为自己获取材料；如果事件不能激发我们的兴趣，我们便不会去利用它们。

因而，一个注意力向内的人会觉得一切都不值得他去关注，一个注意力向外的人，在他偶然审视自己的灵魂时，则会发现那些极其丰富、有趣的各类成分被解析和重组成了美妙的、富有教益的形式。

[对事物、人类、旅行的热情]

热情的形式是数不胜数的。人们也许会记得，夏洛克·福尔摩斯有一次偶然发现了一顶躺在大街中央的帽子，他把它捡了起来。经过一番打量，他说，这顶帽子的主人因为酗酒而毁了自己的前程，他的妻子也不再像从前那样爱恋他了。

如此普通的物品都能引起他的极大的兴趣，因而对于他这种人来说，生活将永远不可能是无聊乏味的。在乡间野外的散步途中，有多少不同的东西能引起人们的注意。某个人或许会对鸟儿感兴趣，另一个则关心草木，还有的人留心地质地貌，也有的人注意农事、庄稼，等等。

如果你有兴致，那么上述其中任何一项都会是有趣的，其他的也一样。一个人，只要对其中的一种感兴趣，就比不感兴趣的人更好地适应了这个世界。

同样，不同的人对待自己的同类，态度的差异何其惊人！在一次长途火车旅行中，一个人会对同车的旅客视而不见，而另一个则会对他们进行归纳，分析他们的性格，并对他们的状况作出相当准确的判断，甚至他也许会了解到其中几个人的个人隐私。

人们在弄清别人方面所表现出来的差异，也同样地反映在人们对别人的感觉之中。有些人总是发现所有的人都让自己受不了，而有些人则会很快地、很容易地对那些与自己接触的人产生友好的感情，除非有某些明显的理由，他们才会产生别种感情。

再以旅行为例：有一些人将游遍好几个国家，但他们总住在最好的旅馆，吃着与在家中一样的食物，约见那些在家中见到的同样的富翁，谈的话题也与他们在自豪餐桌上谈得相同。这些人一旦回家，他们唯一的感受只是为结束了昂贵旅行的烦恼而如释重负。

而另外一些人，不管走到哪里，他们都在寻找那些独特的东西，并结识当地的典型人物，观察任何有历史或社会意义的东西，品尝当地的食物，学习当地的风俗和语言，回家时带去一大堆新的快乐欢愉。

[对生活充满热情的人更优越]

在各种不同的情况下，对生活充满了热情的人比那些没有热情的人更加有优越，即使那些不愉快的经验对那些热爱生活的人来说也有益处。我为见过一群中国人和一处西西里村庄而感到高兴，虽然我不能说当时的心情是极为愉快的。

爱冒险的人喜欢诸如兵变、地震、火灾等所有这类不愉快的经历，只要它们不危及其生命。举地震这个例子来说，他们会惊呼：地震原来如此！由于这是一桩新鲜事，增加了他们对世界的了解，因而他们为此感到高兴。

如果认为这些人不受命运的摆布，这并不是正确的，因为如果他们失去了健康，很可能在同时，也会失去热情，但也并非一定如此。我曾经认识一些长年累月受尽折磨的人，但直到临死的最后一刻，他们仍对生命保持着热情。

有些疾病能摧毁人的热情，有些则不一定。我不知道生物化学家现在能否区分这两类疾病，也许当生物化学取得了更大的进展以后，我们都会有机会服用那些能确保我们对一切感兴趣的药片。

但在那一天到来之前，我们还得依赖对生活的常识性观察，以便判断哪些因素使得一部分人对一切均感兴趣，而使另一部分人对一切全无兴趣。要知道，一旦兴趣被引发出来，那么他们的生活就会从单调、沉闷中解脱出来。

真正的热情，不是那种实际上寻求忘却的热情，而是人类天性的一部分，除非它被种种不幸给扼杀了。

小孩子们对他们看到的和听到的任何事情都充满兴趣；世界对他们来说充满了新奇；他们不停地以热烈的情感追求着知识，当然，这种知识不是那种学者式的知识，而是那种对引起他们注意的事物的熟悉过程。

只要身体健康，小动物即使长大了，也会保持着这种热情。一只被关在陌生房子里的猫是不会躺下休息的，除非它嗅遍了房子的每个角落也没有闻到一丝老鼠气味。

一个从来没有遭受过重大挫折的人，将保持着对外部世界的天生兴趣；而只要他保持这一兴趣，如果他的自由没有受到不适当的限制的话，他就会发现生活充满了快乐。

生活不容敷衍

我在20岁之前，没有什么仪式感。有时候在日落之前突然觉得想去远方，就会赶上最后一趟班车消失在夜色中。要么随心所欲穿着拖鞋去给同学送站，却经不住邀请索性一同踏上西去的列车，一走就是一个月，这是常有的事情。直到有一天，半年没有音信，三姐哭着找来，见面就是一顿爆揍，她说，你知道家人为你担心的滋味吗？！那天之后，我突然懂得，在远处，我的亲人用声势浩大的牵挂和思念一直小心翼翼地躲在你随心所欲的背后。

那一年，我平生第一次过了一个生日，好像是一个假期回家，一家人聚在一起讲了起很多往事，讲起我小时候偷瓜被捉，也是三姐，突然说：明天就是你的生日。她还补充道：那一次偷瓜就是你生日的那天。那时候一家人嘻嘻哈哈地描述我被逮住后的窘态，以及二姐奋不顾身的保护，等等。我们幸福地憧憬的未来，仿佛那是很遥远的过去。

第二天，我还在睡梦中，隐隐约约听见妈妈给放羊走的三姐安顿：早点回来，今天是弟弟生日。那种被重视的感觉化成一股暖流从脚趾一下子窜到了头顶，说不上来的滋味，这可能就是幸福来临的样子。

那天所有的亲人都笑脸盈盈地对我，甚至大哥和我因为一些看法不同要起争执的时候，突然妥协，理由居然是：今天是你的生日。

那天，我深深地懂了：隆重的仪式不过就是亲人爱你的姿态。

我老婆是个仪式感特别重的人，她不仅对自己的生日、值得纪念的节日特别敏感，而且对他们家五代血缘内的所有亲人的生日都记得门清。刚结婚的那几年，我对这些繁文缛节特别反感，但因为这些也闹过不少矛盾。有一年她过生日，前几天就诱导我，再过几天，是什么日子啊？我居然一脸茫然，我老婆就非常失望，义正辞严地说：生日！

老婆过生日的那天，下雨，我偏偏忘得一干二净，和一群朋友喝得天昏地黑，等我想起来的时候，已经是晚上十点以后。回家后，老婆指着侧卧嘟了嘟嘴：我妈妈来了。后来我才知道，我年迈的岳母冒着大雨跋山涉水从牧区扛着羊肉赶来，就是为了给她最小的女儿过一个生日，那就是一颗妈妈的心。有那么一刻，我突然明白，有时候爱就是在乎，是一种仪式感才能承载的重视和隆重。

隆重的仪式是我爱你的态度。我认识一位专门从事埋葬工作的巫师，他把生死看得很淡，也看得很开。他总是这样劝慰逝者的亲人：人死如灯灭，没了就和尘土一样。但是，每一次做法事的时候，他依然会非常虔诚的沐浴洗涤，三跪九拜，念念有词。他坦然地解释道：这些仪式，都是对生命的敬畏，在生命面前，只有隆重才配得上死的庄严和活着的敬重。

很多次去西藏，每一次走近喇嘛庙，我喜欢闻那种淡雅的藏香，喜欢坐在大昭寺的门口，看着匍匐的朝圣者磕着长头的背影，坐在这里，莫名地感觉到安详和圣洁，沉浸在一种仪式感中，你突然觉得这个世界变得如此通透和清明，这是西藏的魅力。当一个人的来去都变得隆重和庄严的时候，还有什么不值得珍视和敬畏。

很多年前，认识一位朋友，我以为这是我一生的知己。

有一年他来我生活的地方看我，我和老婆动用半年的工资为朋友选了一件礼物，我以为他也会看重我们的情义和缘分。直到有一天，我从一个网友那里知道，他把我送的礼物回去就转送给了别人，听到那样的消息，心还是被拽了一下。后来，才明白那种感觉就是隆重的仪式被轻视后的失落。当然，之后我们因为其他原因，慢慢就不相往来。但是至今其他的事情都会忘记，偶尔有人说起他来，那件事还会不经意间疼一下的，就像你极其看重的东西，却轻易地被风吹走一般的失落。是对自己一片心意被亵渎后的怅惘，才知道一开始的态度已经交代了漫长的一生。

越来越明白，隆重的仪式感会让自己生命有了质感，生活变得庄严。越有仪式感的往事越觉得美好。小时候看露天电影之前的炒瓜子，早早地抢一个座位，着急地等放映的时间，那种仪式感会把一场电影当成一次盛宴而变得隆重，反而电影放映开始，已经瞌睡地倒在妈妈的怀里，下一次依然是最着急最热切的那一个人。小时候的那达慕没有现在的场面，却比现在隆重，是因为那种仪式让人变得谦卑和敬畏，那些成败是你牵挂的人和有你熟知的背后。而现在，热情和关切慢慢从我们的身体流走，没有约束的我们，心也会变得散漫。

高娃姑姑一生都活得非常高贵，是因为她从来不敷衍每一天的生活。哪怕她去羊圈里接羔，她都会把自己的棉袍整理得妥帖才出门，她说这是给自己看的；十天也见不上一个陌生的人，她也会每年春天来临的时候在自己的小院种一些花花草草，她说，这是春天的样子；她即使是一个人吃饭，也会铺上洁净的桌布，弄上两三个小菜，熬一壶奶茶，把收音机放到音乐的频道，慢条斯文地吃。小时候，我常会被她这种阵势惊着，诧异地问她：要来很多人吗？高娃姑姑就抿着嘴笑着，不语。我人到中年才明白，高娃姑姑无非通过这些隆重的仪式告诉自己，不想辜负每一天的生活，当活着成为一种仪式的时候，内心会变得丰盈和从容，优雅和高贵不过就是认真地活着，慢慢地品味。我现在深信不疑：隆重的仪式就是我爱着的一种态度！

倘若现在有人问我，你过生日吗？我会毫不犹豫地说：过！

情人节过吗？过！

母亲节过吗？过！

圣诞节过吗？过！

愚人节过吗？过！

……

当爱变成一种在乎和重视的时候，仪式是唯一的表达。

那些看似细腻、复杂、冗长的过程，都是我隆重而认真的表白。

把每一天当成节日来过，让生活变得隆重，时刻提醒，每一天都值得纪念，今天的仪式必将是未来美好的回忆素材。不然，当我们的日子敷衍到没有什么可以回忆的时候，那才是失败的人生消逝的时光和冗长的寂寞。

爱值得敬畏，情依然圣洁。

这一生，我们努力的绽放，不就是为了迎接属于自己的盛大春天的来临吗？

爱，就是给你我生命所有的美好，把每一天都装点成节日的模样！

因为我相信：隆重的仪式都是我爱的态度！

幸福很简单，积极乐观就好

去自动取款机那儿，给女儿转账。这事情我从来没做过。因为我太粗心大意，平时给女儿们汇款的事情，一直是爱人的特权。

那天爱人因为走得急，没时间去转账，就把账号和银行卡留下，让我去转。

觉得好容易被信任一次，一定不要出什么差错。输入账号的时候，每次都看得清清楚楚，输得认认真真。结果却每次都被告之是无效账号！

怎么可能是无效账号呢？再试，最后我试了六个取款机，还从农村信用社，又跑到济宁银行，那账号依然被告之是无效账号！

没办法，只好打电话给爱人，他又把账号重新发过来，这时候我才看到，我错把尾数285输成了258！再看看爱人留下的账号上，也明明写着285，就是我输错了！

可是，因为我没有意识到我的错，所以我才换了两个地方，试了六个取款机，输了十好几次账号，却依然不能顺利汇款！

意识到自己的错，方能改正；意识到自己的不足，方能进步；意识到自己的幸福，才能享受幸福生活。这样的道理，在这一刻让我顿悟。

每天已经习惯了听人抱怨，抱怨钱难挣，抱怨钱不值钱；抱怨生活压力大，抱怨每天上班下班的奔波劳累；抱怨能吃的东西越来越多，可口的饭菜越来越少；抱怨交通越来越堵，抱怨环境越来越差；抱怨人的道德修养，越来越沦丧……

总之，我们的收入越来越多，感觉却越来越穷了；可选择的职业越来越多，真正能在一个地方，做到精益求精的人越来越少了；超市里的商品越来越多，真正能放心食用的东西，越来越少了！这就是因为，我们从来没有意识到，我们所抱怨的这些，从另一个角度来说，就是一种真真切切的幸福！

和朋友出去玩，她问我在家干什么。我说绣十字绣。她说你不花眼啊？是不是要戴眼镜？我说我不花眼，戴眼镜干什么？她说她花眼了，看什么东西，离得越近越看不清楚。做点针线什么的，是必须戴眼镜的。

我说我现在不戴眼镜还能看书呢，她满脸都是羡慕啊！忽然就觉得，到了我这样的年龄，眼睛依然清楚明亮，也是一种幸福啊！

如果你50岁了，依然能看清楚很小的字；如果你50岁了，走起路来还健步如飞；如果你50岁了，出门依然被爱人小孩一样呵护；如果你50岁了，牙齿依然健康、白发依然很少；如果你50岁了，血压正常，血糖也正常，请你意识到，这是一种幸福吧！有多少人，才30多岁就开始吃降压药，有多少人早早地患了高血糖，这也不能吃，那也不能喝呢？

每天朝九晚五上班下班，是很辛苦，但和那些下岗在家的人比起来，你已经很幸福了。坐在大学的自习室里，每天读书查资料很无聊，但和那些还在高三奋斗的学子们比起来，你已经很幸福了！

和生病的人比起来，你拥有健康，你就是幸福的；和那些残疾人比起来，你拥有健全的体魄，你就是幸福的；你生病也好、残疾也好，和那些身陷囹圄的人比起来，你拥有自由，你就是幸福的！至于那些身陷囹圄的人，和死去的人比起来，你依然拥有生命的时光，你依然能看到太阳东升西落，你依然能感受到四季的轮回，你就是幸福的！

有人说，幸福的生活，不是你拥有得多，而是你计较得少；也有人说知足的人，才容易幸福。而今天我才觉得，无论你拥有多少、拥有什么，如果你意识不到你的幸福，你就永远不会幸福！

我有一个邻居，今年87岁了。她有点老年痴呆，眼神也不好，每天除了吃饭，就是在院子里来回地走路，十几年了，从没有跨出院子一步。

中秋节的时候，我们去拜望她，她正坐在院子里的板凳上，吃一根麻花。满脸都是幸福的喜悦，看到我们去了，她很认真地问我们：

"你们找谁啊？"听我们叫她大嫂，她才笑呵呵地站起来，指着她坐的仅有的一张板凳，招呼我们坐。

十几年，从没有跨出院子一步，在我们看来，多少有点不可思议。但从她的角度想一想，87岁高龄，依然能生活自理、依然能吃麻花、依然能来来回回地走路，和那些卧病在床的人比起来，她真是太幸福了！

每当看到这样的人，我就常常想，当我们这一代人，也到了她们现在的年龄，我们是不是也能像她们一样，每天自己穿衣吃饭，每天在院子里走来走去呢？

幸福生活，不是权倾天下、腰缠万贯；幸福生活，不是锦衣玉食、宝马香车；幸福生活，也不是万事如意、一帆风顺。幸福生活就是：无论你面对怎样的人生局面，你都能用乐观向上的心态，意识到你的幸福！

生活需要你少些沮丧和害怕，多些用心和努力

如果你不好好爱自己，爱情当然没有诚意，如果你不好好吃饭，日子自然是没有意思，如果你又不好好睡觉，活着都会没有意义。对于我们来说，幸福并不是努力寻爱，而是安心生活。

女孩喜欢上一个男孩很久了，这天傍晚的秋阳极尽温柔，两个人坐在露天咖啡馆里有了深聊的机会，也共同面对着城市汹涌人潮里的繁华与孤独。男孩说起自己的前任："她人不错，就是目的性太强，图我是当地人，刚刚恋爱就着急结婚，以便在这个城市里安身。"女孩听后犹豫了一下，还是赶紧解释自己拥有本地户籍和房子，并无意利用情感占别人便宜，她只是喜欢他，渴望拥有一份相伴的幸福。

我听女孩子谈起那晚的事情，对女孩说："不论你多么喜欢他，又是多么渴望爱情，都不需要把自己的位置放低，当你以这种卑微的方式敞开自己的内心，你想要的爱情还没开始往往就已经预示着结束。"女孩回答："我只是希望能有个机会继续下去，我太想要被人爱与呵护的幸福感了。"

女孩在这个城市有房子，有不错的工作和收入，却唯独因为找不到她想要的爱情，也就忽略了一个人的生活。她总是说自己不幸福，于是凑合着过日子，将就着每一天，除了喜欢别人的热情，好像任何事情都提不起她的精神。女孩甚至并不了解自己生活的这个城市，她说北京太大，大得她分不清东西南北，于是每天两点一线，在生存里打拼，却游离在生活之外。

身边有很多看上去光鲜亮丽的女子，面对事业或许所向披靡，面对爱情却都忍不住卑微，于是面对生活也变得心不在焉起来，好像只有找到爱情生活才是生活。我也曾经问过女孩："你完全有能力在帝都独立自由的生活，为什么还是着急和不安。"女孩回答："一个人，吃饭都会变得没有意思，我过得再好也就是有些快乐，幸福却是谈不上的。"

如果你不好好爱自己，爱情当然没有诚意，如果你不好好吃饭，日子自然是没有意思，如果你又不好好睡觉，活着都会没有意义。对于我们来说，幸福并不是努力寻爱，而是安心生活。

暑假快结束的时候，女儿才有时间继续接着踏上她的"走遍博物馆之旅"，现在我们在成都，目的地是广汉"三星堆博物馆"和"金沙遗址"。了解和见识，是生活的一部分。我也顺便继续我的"走遍五星级酒店之旅"，现在我们在丽思卡尔顿酒店，欲望和安然，也是生活的一部分。

我们奔波在博物馆、都江堰和各种宽窄巷子的四川风情里，在大妙火锅、棒棒鸡、三大炮、波丝糖里流连。也不会忘记在酒店享受音乐主题下午茶，放茶点的托盘被做成老唱片的模样，留声机放在一边，时光也仿佛倒流。生存之外，我们积蓄能力，以便能够想走就走，去看看远方的世界，生活的味道会在这样的时刻真情流露，裹着世俗烟火的甜香，也带着繁华世间的诱惑。

经常有人问我："女人的幸福是什么？"在我看来，幸福简单到可以信手拈来，今天的一件花衣裳，明天的一杯下午茶，后天的一次小聚，还有孩子清澈的眼神，以及某个男人微笑着的沉默不语。但是，这些幸福的心境都出自对情绪的严格管理和克制，女人只有能够控制自己的时候，才有明眸和善心发现美，在感恩里滋养出幸福感。

也会有人问："什么是生活？"我有充满爱的家庭，还有共同成长和分享的闺蜜，不缺温暖不缺吃穿也不缺钱。但我仍会为一件新衣或是一双美鞋欢心雀跃，为眼前可口的美食一扫生活的阴霾，也会因为一部电影或是一首歌，瞬间就原谅了整个世界。我从不计较眼前的一点得失，从不大惊小怪，常常会为眼前一些细碎的美好心动，并因此保留又坚持了纯真与简单。

我们成都喝下午茶的时候，朋友谈起他小时候的美好时光。在姥姥家的大杂院中，他午睡起来，院子里树影斑驳，家家还很安静，舅舅正走向房顶的鸽舍，然后挥动着一面红旗放飞鸽子，悠扬的鸽哨在蓝天回响。然后大杂院里会渐渐热闹起来，各家进进出出，在厨房锅碗瓢盆、京腔京韵中忙活着各自的日子。他说："这才叫生活，现在的北京人已经没有了生活，春节外地人都回家了，北京人却无家可回。"

这是一个男人对生活的注解，相信也是很多人都曾经拥有过的时光，却很少有人思考，很少有人留恋，甚至根本不屑谈起。真正的生活就这样被我们自己遗忘，于是幸福也渐行渐远。

如果我们不会为了失去的美好真正伤感，也就不会懂得珍惜当下每一天里的点滴得到，很多人都忙着为自己不曾拥有过的东西焦虑和慌张，却不知道唯有先安下心生活，我们才能一日日获得能力和勇气，过上想过的生活。这也是有些人虽然听了很多道理，却依旧过不好这一生的原因。

我已经不会因为谁来就惊扰了的平静，也不会因为谁走就改变了生活，当我能够强迫自己克制之后，简单就成了日子的常态，幸福感会时时冒出来，打败那些沮丧、害怕和伤愁。

此刻，因为安心生活我很幸福，那么寻爱的路上，相信我也会所向披靡。

品味
细小生活

[1]

今天窝在家里看了几集《黄小厨的春夏秋冬》。黄磊在做饭的时候,忽然说,好想家,想太太,想孩子,想给朋友们做顿饭,因为拍《黄小厨的春夏秋冬》,已经很久没回家了。

听一个胖墩墩的大眼男人边做饭边念念叨叨,说想家,还真的被温暖到了。

我一直觉得做东西吃,是一种特别好的放松,所以在周末,喜欢待在家里做吃食。煮一点绿豆汤,接受不了豆皮,所以会守在锅旁,豆子刚刚煮烂的时候,豆皮像被海浪冲上岸一样,挤在锅边,抓紧时间一勺一勺地捞出来,特别有成就感。

别告诉我豆皮更有营养,与营养相比,喜欢更重要。

很热的时候与很冷的时候,人会特别恋家。

七月最后这个周末,望着楼下马路上白白的日光,拿一杯冰镇绿豆汤,在沙发上来一个葛优躺,哇,觉得自己好富有。

你们有没有什么时候,觉得自己好富有?我相信,这种感觉,一定不会出现在你买车买房买名包的时候。大把花钱的时候,最容易觉得自己穷。我每次进香奈儿专卖店,即使买到了中意的包,还是觉得自己好穷啊,这里随便一点什么，都够我敲好多天字的。

有朋友去新疆看了野花，回来对我说，站在花海前，觉得生活好富足。那一年在天山，我骑着马，行走在山间小路上，路边是雪松，前方有斑驳的日影，听着马蹄嘚嘚响，那一刻也觉得好富足。

富足的感觉，是一种安心吧。安心于眼下的这一刻，暂时放弃了思考的能力之后，竟然发现自己什么都不缺。

［2］

"人类一思考，上帝就发笑"。过了30岁，有时候觉得人生其实是被一些零星的富足感激励着前进的。

有一次在咖啡馆，一个客人讲他煮的牛肉汤。客人是穆斯林，擅长做牛肉，他专门买牛肋骨旁边剔下来的肉，武汉人叫"瓦沟"，来煮汤。提前两小时把肉切成小块，用冷水浸，隔半个小时，换一次水，换下来的水也不浪费，浇他在阳台上种的花与菜。

"人吃什么，花吃什么，才长得好。"他说。

他煮的萝卜汤，不放油，只放几粒花椒，几片生姜，然而却费时费心。开锅以后，他会搬把椅子拿一本书，坐在锅旁边静静地看，隔十几分钟就去打一下浮沫。肉八分熟，放切成大块的白萝卜，还是隔十几分钟打浮沫。最后煮出来的汤，没有一丁点油腥气。盛碗的时候，放一点点香葱。

听他讲这一锅萝卜汤，觉得他真富足啊。愿意花那么多时间，守着一锅汤，尽心尽力地把上面的浮油去掉，听汤锅歌唱，晒黄昏的太阳，读一本闲书。

富足不一定是有钱的时候，却一定是有闲的时候。如果心不能静，再多的钱，也不会造就富足的感觉。

[3]

夏天我喜欢自己做冰棒，我做的冰棒叫小羊丸子。

工具是一个水果挖球器。西瓜、香瓜、哈密瓜、火龙果、奇异果等，被挖成一个个小丸子，用细竹签串起来，单独包装在保鲜袋里，冻成冰就是小丸子冰棒，纯天然无添加。

新疆无核白葡萄、无核红提，是天生的小丸子。直接洗干净，用小竹签串起来，冻成迷你 小冰棒。女儿最喜欢吃的就是这种冻葡萄粒。

而我最爱冻榴梿。榴梿整块挖出来，加一点淡奶油搅拌均匀，放进冰箱，两个小时后，就是纯正的榴梿冰淇淋了。即使不加淡奶油，冻榴梿也有冰淇淋的口感。

榴梿很神奇，一种水果把人类分成了两队。

做冻榴梿，冰箱是要遭点罪，就欺负它没鼻子。

什么是富足？就是夏天能吃到自己做的冰。小丸子是粗糙款，我身边有些大咖，可以做出比韩国乐天游乐城的冰淇淋更美的水果冰。

手作的魅力是时间换来的，费的功夫越多，产品出来时，你越觉得自己富足。所以，富足还是一种创造力。

人类与动物最大的区别，是我们可以在创造中获得巨大的成就感。世界上绝大多数的人，即使孜孜以求，也无法创造出一个新世界，只能守着自己的一亩三分地。在微小处耕耘，当一片红心火龙果被做成猫头冰棒的样子，塞给不爱吃水果的孩子，他满足的表情提醒着，你是一个富足的人。

懂得在生活细微之处，创造不一样的新鲜感，愉悦自己，就是富足。

让你的生活慢一些

我向来觉得生活是需要一些仪式感的，这跟矫情无关，而是关于你对生活的热爱，对幸福的敏感，乃至有时候它是一种结束，也是一种开始。

我是一个需要仪式感生活的人。

一个人也要好好地喝茶，遇到节日一定要好好地庆祝。约会纪念日、登记纪念日、结婚纪念日、生日……克莱德先生这些年被这些眼花缭乱的日子搞得晕头转向，但是我一定不会淡漠的。

我想，我们对于生活的付出与热爱，值得我们这样庄重地对待自己。

职场与爱情是生命的重要内容，多重要？不知道！我们好忙！跳槽已是家常便饭，散伙饭都可以省掉；失恋分手只要发个短信通知对方即可，痛哭流涕这种戏码谁有时间来欣赏！

因为缺乏必要的仪式感，生命中一些特别的瞬间就这样被错过了，心不在焉地生活，自然就没有美好瞬间这种东西——不能享受当下，又哪来的美好回忆呢？

慢下脚步，稍事休息，花点心思在生活中增加一点小小的仪式感，两个人的晚餐会因为一张餐巾变得浪漫，普通的朋友聚会会因为扮靓出席变得摇曳生姿……

来，给你的生活刷一次机，把它的灰头土脸忙忙碌碌全都抹去，仪式感会让你的生活变得丰富多彩！

我非常喜欢的一部美剧《老友记》里，有这样一个有趣的桥段：

情人节，瑞秋、菲比和莫妮卡都没有约会对象，备感凄凉。哀叹许久，她们认为是从前的烂桃花阻碍了幸福之路，所以必须有个了断！

她们参照异国的仪式，将前男友们的东西全部都烧掉，书信、首饰、衣服，统统扔到桶里去，点燃了火焰，围在旁边念咒、跳舞……结果，因为火势无法控制，惊动了消防员——好消息是，消防员里真的有大帅哥，而且对她们一见倾心。

于丹曾经特意就仪式感写了文章，她认为与古人相比，今天的中国人的生活方式似乎少了一些情趣，生活节奏越来越匆忙，生命中越来越缺乏仪式感，而没有仪式感，人生就不庄严，心就不安静。

每个人的生活中，都会喧嚣、杂乱、无序，甚至沉沦，这时候，请慢下脚步，给它加入一点仪式感，这如同是在咖啡里加了一点糖，回味无穷，美妙非常！

奥黛丽·赫本的经典影片《蒂凡尼的早餐》里，霍莉会穿着黑色小礼服，戴着假珠宝，在蒂凡尼精美的橱窗前，慢慢地将早餐吃完，可颂面包与热咖啡，宛若变成盛宴。

这诗意的仪式感，让苍白的生活光华熠熠，映照着霍莉心中美好的向往。

人人都爱蒂凡尼的早餐，可是却鲜少有人扭头看看自己在生活里，仪式感有多么匮乏。

恋爱久了、结婚几年之后，许多人的生活不约而同进入"死水微澜"的状态，七年之痒并非一定要天崩地裂，有时候就是不痛不痒、不远不近，味同嚼蜡。

告别热恋时五彩斑斓的颜色，恋爱时盛装约会、志忑见面的心情，在平淡生活里日复一日地消磨，甚至连约会纪念日、结婚纪念日这些曾经非常珍视的日子，都可以淡漠平常地度过——许多人只顾匆忙赶路，埋葬快乐。

  婚姻中的仪式感，想要拥有也很简单——约会纪念日、结婚纪念日要记得，吃一顿浪漫的烛光晚餐，若是来不及买礼物，送一个深深的吻也会让人久久难忘；彼此的生日不能忘记，亲手做一个再丑的蛋糕都会令对方感动；哪怕是再普通的晚餐也可以用精致的餐具，铺上餐巾，仪式感顿生……

  许多人喜欢在客厅吃饭，一边看电视一边应付了事。

  现在起，即便只有两个人，也要在餐桌上用餐，一心一意地吃晚餐，说说各自一天的见闻与心情，交流不就是这样子的吗？

  就算是再平常的小事，带着仪式感去做，就能够对抗生活中的消极因素。

  陈莹月是个单身的职场狂人，她把女人对仪式感的追求与热爱，全都放在了工作中。

  从小生活在重视仪式感的家庭氛围里，从小时候就眼见着父母会很认真地过每个节日，后来她到外地上大学，生日的时候父母依然会在家里下一碗生日面，和她一起庆生。

  陈莹月说，仪式感很美好，她会感觉到成绩得到了认可，悲伤也会被立刻消化掉。

  她第一份工作是做设计师助理，签约那天，父母从外地赶了过来，带了很多好吃的，替她庆祝，她至今提起都感动得眼眶发红，"也许在别人看来那是一份很普通的工作，但是我爸妈说我凭着自己的能力找到一份工作，从此以后自力更生，这是很值得荣耀的事情！那就是我的成人礼，从那天开始，我觉得自己更加成熟了！"

  签第一笔单，做好第一个大客户，跳槽到一个更好的公司……这些年工作上的每一个进步，陈莹月都会庆祝一下，有时候是呼朋唤友去吃一顿大餐，有时候是去商场为自己挑一件礼物作为奖励，物质也许并不是最重要的，但是这种带着奖励心情去领取的回忆却独一无二。

每次跳槽,她都会吃一次散伙饭,"我需要一个仪式,让我告别过去,开始一段新的旅程,我会谢谢他们的宽容和陪伴,工作中所有的小尴尬小冲突,一杯酒就化解了,以后的日子里再也不必介怀——若是没有这一顿饭,醉后的倾心交谈,也许抢过我客户的人我会怨念他一辈子吧?!"

工作的时间久了,人们往往只看业绩,看数字,今天必须要多过昨天,仿佛这才是王道,"除非是老板提醒我,否则我从来不比较今年与去年的业绩,我只是在今年的每个收获后都要庆祝一下,然后就一直开心!"

注重仪式感的男人,当然会更性感一点。

比如林东。

他是一众兄弟中最有仪式感的男生,总有女生对男朋友耳提面命:"你看看人家林东!"

你看看人家林东,家里永远干干净净,一周打扫三次卫生雷打不动,算不上一尘不染,至少也是明可鉴人,"这是我的家,我希望每次推开门都干净温馨,而不是乱糟糟的垃圾堆。"

你看看人家林东,每次聚会都会穿戴整齐,刮胡子,弄头发,绝对不会邋遢到穿着拖鞋出现在公众场合,他让在场的其他人觉得自己受到了认真的对待,"和朋友的聚会也该有基本的礼仪约束,让你的装扮尊重对方,女生可以化妆,穿稍微出挑点的衣服,再简单的聚餐都会变得不同。"

你看看人家林东,再忙碌的日子,也会回父母家待一天,陪伴对父母而言是最重要也是他们最需要的,"这对我真的是一种仪式,除非有极特殊的情况,不然我固定在周五的早晨收拾停当回家,吃饭,喝茶,聊天,简单但是我很享受。"

你看看人家林东,会在好朋友生日的时候打一通电话,准备一份礼物,他让每个好朋友都感觉到自己被惦记。

甚至，连分手都是有仪式感的，"一段感情走不下去，我一定会当面跟对方说清楚，尽管可能很痛苦，但是我会说祝你幸福。我绝对不会发个短信说分手，这很不尊重对方，也不尊重感情……有一次失恋之后，我们谈完之后，在25层高楼的楼顶坐了一个晚上，天亮了，挥挥手，彻底再见。"

古人"沐浴焚香，抚琴赏菊"，这是怎样一种美好的仪式感？

在这背后，是对生活深深的热爱，令人动容。

现代人即便做不到如此周到，至少也可以让生活慢一点，庄严一点，颜色也就会多一点。

别让那些心心念着的
离你越来越远

[1]

人一生会拥有太多东西，但衣柜容量有限，抽屉容量有限，心的容量也有限，所以需要经常腾空一些位置，让新的进来。但有些人，衣服穿旧了，东西用坏了，都舍不得丢，心里实诚地放着一个人，容不得虚掷。

舍不得先生说，东西和人一样，待在身边久了，自然就处出了感情。

4岁那年，舍不得先生把我从四川达州的小县城接到了成都，那是我第一次离开父母，也是第一次看见城市的样子。舍不得先生的公司给他配了套房，门前有一排密密麻麻叫不出名字的花。那个时候，我在屋里的大理石地板上打滚儿，趴在窗棂上看天，感觉云是可以摸到的，空气也都是香的。

舍不得先生是个天生的艺术家，他写得一手没练过却飘逸潇洒的毛笔字，他会用废弃的硬纸片订成一本簿子，写上字给我当生字卡，因此在上小学一年级的时候，我就已经认识几百个生字了。某天看见他书桌玻璃板下压了一张老虎图，我以为是他把日历给剪下来了，结果他告诉我是他画的。没学过画画却懂得用水粉，更夸张的是，连老虎身上细致的白色毛发都是一笔笔勾出来的。除此之外，我十岁之前的头发都是他给我理的，每本新书的书皮都是他给我做的，养仓鼠的小窝是他给我搭的，就连自行车、台灯、计算器坏了，也是他给我修好的。

他拥有一切我无法企及的能力，活脱脱一个现实版的哆啦A梦。

[2]

在父母来成都之前,我跟舍不得先生一起生活,所以建立了非常深厚的革命情感。从尿床后他给我洗床单,每天带我去楼下晨跑,辅导我写作业,用口水给我涂蚊子咬的包,到看电视的时候给我抓背,还不厌其烦地喂我吃饭,舍不得先生的教育方法绝对是溺爱型,但好在我没有恃宠而骄。

说到吃,不得不说一下舍不得先生的倔脾气。他不喜欢下馆子,每当我在他面前说在餐厅吃到的菜时,他总能默默记着,然后想尽各种办法学会那道菜,再顿顿都做给我吃——以至于从小到大,我的主食就是各种啤酒鸭、炒虾、水煮鱼等高油量大菜。六年级毕业后,同龄人都有了审美眼光,当自己因为体重被取了各种绰号后,我才意识到这些大菜的罪恶。

初二那年,父母在成都买了新房子,我自然要离开舍不得先生,但好在离他家也就半个小时的车程。还记得搬走那天,舍不得先生给我打包行李,他从床底下拉出来一个铁箱子想让我爸带上,我打开一看,里面装满了我小时候的玩具和不穿的旧衣,我回呛他:没用的东西就丢掉吧。他倒是执拗,抢回铁箱说,那我先给你保存着,等你老了,看到这些可都是回忆。

他舍不得的东西还有很多,比如那本已经被我画花了的生字卡,他至今都垫在自己枕头底下;比如那把给我理了好多年头发的剃刀,还保存完好;爸妈买了车后想带他去外地逛逛,他偏说费油,不如在自己的桃花源里自在;还有他给我做的每一道大菜,自己都舍不得动一下筷子;这么多年,我犯了大大小小的错误,他也舍不得骂我……

高三那年是我的黑暗奋斗期,每天睡五个小时,余下时间疯狂背书。舍不得先生怕我妈照顾不好我,便每天走几公里路来我家做饭。让他在我家住,他不肯，开车去接，他也不愿，他直说每天早上5点起床锻炼身体，这点路不在话下。

　　一模成绩下来后，危机感化成了彻头彻尾的压力，我坐在凳子上看着肚子堆起的几层肉，不禁心烦，偏偏这时舍不得先生又端上一大碗自己包的包子。我脑袋一热便拿他出气，嚷嚷长这么胖都是因为他给我吃太好了，没人喜欢胖子，老天才不会给一个胖子任何机会。这一闹，舍不得先生直接吓回了自己家，一个星期都没出现。我心里对自己也怨怼，但就克制不住。

　　后来因为朋友的外公去世，葬礼上我看着宾客围着水晶棺里的老人转着圈默哀，一下子心慌了，跑回舍不得先生的家，狠狠道了个歉。

　　高考结束，成绩还算理想。还记得刚上高三的时候，家里人就讨论过志愿的问题，几乎一致建议我留在成都，唯独舍不得先生高调支持我去北京。填志愿之前，他专门找过我，语重心长地告诉我哪个城市才能装得下梦想。他说自己年轻时在战场上立了功，回来就被派到北京，他喜欢那座城市，事业也顺风顺水，但为了把一家人的户口从村里迁到城市来，不得不回了四川。

　　惊讶这段经历之余，我故意呛声，怎么，你舍得让我一个人去北京啊？他说，舍不得啊，但也没办法，我知道，你怪我从小把你宠太好，绑太紧，你心里一定是怨我的吧？所以，走了也好，去看看外面的世界。听到这儿，话不多说，我抹了把眼泪，就抱住他的脖子一顿哭，觉得自己就是个混蛋，越是被给予太多爱，越是不着调地埋怨。

　　最后，我还是去了北京，但心里暗自起了誓，一定要把舍不得先生拽上飞机，让他回一趟北京。

[3]

　　来北京的第一年挺顺利，工作和写书都风风火火的。听我妈说，舍不得先生几乎走哪儿都把我的书带在身上，尽管他根本看不懂，但还是装模作样地拿着放大镜来回读开头那两行，并高度总结出这是讲年轻人的爱情故事。

放假回去的时候，特意掀开他的枕头看看，那本生字卡据说被我弟撕烂了，取而代之的是我写的书。我说他压在枕头下睡得不舒服，他却偏要放着，我只好哭笑不得地又给了他几本，把枕头垫平。看着家里被他补过好几次的皮沙发，用了几十年的玻璃柜，书桌下面那幅褪了色的老虎图，觉得时间好像没走，我还是那个黏着他的小孩。

我跟朋友聊起他时，说他这一生舍不得太多东西，唯一舍得的，就是让我离开了他。

我跟舍不得先生靠电话联络感情，起初是隔天打一次，后来工作渐渐繁重，他打来的时候我不是在开会就是在忙，到现在变成一周一次。但时间久了，每次的话题都围绕"身体好不好""工作忙不忙""吃得好不好"，我便失去了耐心，连那唯一的一次通话都觉得麻烦。只是他每每挂电话之前那句"我听听你的声音就好了"又总是触到我的神经，然后使我在心里把自己骂上一万遍。

好像总是这样，有了自己的世界后，亲情需要被随时提醒。看见故人去世才感叹家人老了，要多多陪伴，看见一篇文字听了一首歌，才幡然醒悟自己对家人做得不够好。

或许我们只有真正失去了，才会懂得那些一辈子舍不得的人心里的担心和怅然。

[4]

现在我一回家，舍不得先生仍会做一桌子大菜，只是味道不那么好吃了，因为他总是忘记放盐。我坐在他身边的时候，他也总会不自觉地把手伸过来给我抓背，只是没一会儿，他就低着头睡着了。我看着他的头发又白又硬，像一根根鱼线。

电话里，他呜咽着重复上一次的话题，我在说话的时候还经常"喂"半天，我以为是自己手机的问题，一看铃声已经最大，再听着那一声声"喂"，鼻子难免泛酸。

时常想起年少时，舍不得先生碰见熟人常去跟他们握手，我总会没礼貌地扳下他的手，不怀好意地盯着那些人，舍不得先生哭笑不得。

因为那个时候，我心里觉得，他只能是我一个人的爷爷。

[平淡的生活也有鲜艳的色彩]

若干年前,看过刘墉先生的一个访谈,他说:我觉得我是一个平凡的生活家。这句话给我留下了非常深刻的印象。我认为,生活中的每一个人都是平凡的生活家,在生活中行走、感悟、体验和热爱。

还记得自己第一次下厨的情景吗?战战兢兢,油溅了手,火开大了,刀工不太好,切得太难看,不知道放多少盐,不知道放多少油,结果不是菜淡得要死就是咸得要命,偶尔还会烧煳。可是没过多久,你就快速地升级了,不能与当初同日而语,当然你还是烧不出满汉全席,但至少知道了什么菜配在一起营养不会冲突,知道了多大火候儿营养不会流失,至少看上去活色生香,馋涎欲滴。

还记得自己第一次编织的手工作品吗?非常稀罕地织了一件毛衣,在各种针织品多得目不暇接美不胜收的时代,难得还有心情自己织毛衣。熬了好多天,结果织出来的毛衣袖子太瘦,身长太小,而且样式也不美观。好几次都想放弃的时候,一次一次鼓励自己,结果毛衣改成了围巾,围巾改成了手套。但没关系,你依旧保持着对手工的热情,对生活的热爱,闲暇之余,学会了编中国结,学会了双面绣,一针一线,倾情专注,小笨手逐渐变灵巧了。

还记得自己第一次去广场做运动吗?每天伏案电脑前,亚健康的症状越来越明显,每天早晚被亲人逼着去小广场做运动,混在一堆跳舞做健身操的人群里,只觉得很多双眼睛都盯着自己,于是手也不会摆动了,眼睛也不知往哪里看，笨拙得像一只从南极来的企鹅，羞怯得像一只从北极来的大熊。可是没过多久，你爱上了运动，每天若不出去跑步做操，便觉得浑身都不舒服。运动的结果是人变瘦了，身材匀称了，形体重塑了，动作也变得灵巧了，最重要的是健康状况改善了许多。

还记得自己第一次被朋友拉去参加"一日静修"的情景吗？宅在家里的你，是那么的不情愿，你说，我不信佛，干吗要跑那么远去"静修"？去了才知道，跟信仰无关，跟热爱无关，只是吃一天的素食，修一天的心，过后回到红尘，你还是原来的你。你一下子喜欢上这种方式，每隔一段时间会主动去寺院参加"一日静修"，那些树木，那些花草鸟虫，让你远离了凡尘的喧嚣，让你的心清明安宁，为灵魂洗尘。

还记得许许多多的事情。热爱旅行，去了很多地方，走过很多的路。喜欢读书，去了很多的书摊书店，淘了很多新书和旧书。走过很多地方，留下很多的脚印，也拍了很多漂亮美丽的照片。爱写日记，天天上网，发了很多条微博。因为爱父母，所以常回家看看，一起说话吃饭。因为爱家人，心甘情愿地做这做那，一起享受天伦。因为两情相悦，所以包容平凡，接受俗常，爱在一粥一饭中。职场行走，专注投入，褪去一身青涩。

大家都说，你变得漂亮了。站在镜子前，左顾右盼，身上的确多了沉稳，眸中真的多了自信，离优雅干练尚有差距，但是和从前的自己相比，真的是脱胎换骨。所有这些变化，都是缘于一颗热爱生活的心。

生活着，美好着；生活着，热爱着；生活着，徜徉着。

人人都是生活家，再平淡的生活，再平凡的日子，再琐碎的细节，都因为这样一颗热爱的心，在岁月之上，绽放出一朵朵美丽的鲜花。

你需要懂得及时止损

最近在外面喝咖啡，也经常感觉到一阵阵无力。

总是从各个方位飘来似曾相识的对话，我已经听到了十多个可以攻占纳斯达克的伟大计划，间接参与了好几家创业家公司的估值，见证了几条冷链和中央厨房的诞生，用余光瞥了改变朝阳区人民生活质量的商业发起人，等等。哦，还有无数在空中漂浮的白日梦。鉴于咖啡馆话题的宽泛，还有一百多个让人心碎的爱情故事。

喔，就这样飘散在风中，那些野心勃勃和热血，那些深夜的哭泣和阳光下的咬牙切齿。他们或欢笑或叹息，然后用纸巾擦擦脸，走出去，就好像什么都没有发生过一样。对，什么都没发生，谈了一千个创业计划，精神虚耗之后，还是去打卡上班了，聊了几十集精彩的电视剧梗概，都被否决了，侥幸存留的，还得改一百多遍，万一拍出来，没准儿还过不了审……至于爱情，无论你如何感慨、神往、忧伤、出谋划策，他若不爱你，就还是不爱你。

据说杨钰莹传授过保持青春的经验，之所以显得比同龄人年轻，一个重要的秘诀就是——省着用自己。不要太损耗肉体和精神，饭要少吃，说话要小声，没事别熬夜，也别胡思乱想烧毁脑细胞，别太累。虽然我觉得这属于朋友圈养生鸡汤范畴内的东西，也觉得反正时间就是用来荒废的，热情就是用来挥霍的，但"省着用自己"这几个字也是着实的戳中了我，要是再加上"人人都爱你"这种被爱环绕的正能量，那简直不要太愉悦。

基本上，过了迷茫青春期，大家都不愿意没事儿以头撞南墙妄图撞出一条通道来，而是更愿意自我选择有明确目的地的路径，然后坚定地走下去。也就是说，智商情商加上阅历，你已经不需要靠试错来生活了，而是特别明白自己要什么，要怎么才能得到，得到了之后是为了什么。抵御诱惑的能力也因此增强了——不合适就是不合适，不喜欢就是不喜欢，不用勉强自己，也不会假装愉快地收下。

这是"省着用自己"的一个关键诠释：我们既不会因为自己不喜欢的事而折腰，也不会因为漫无目的的试错而浪费时间和精力，还不能因为没有结果的过程而虚耗心神。你不能演出了一场独角戏之后发现台下没有观众，也不能哈哈大笑之后发现四周是令人尴尬的沉默。最重要的是，不能用想象代替现实。"夜里想了千条路，早上还得磨豆腐"这种事，太浪费了。

我们在花钱和赚钱的时候，尚有一些理智，总懂得计算投入产出，量力而行，等等，但对待生活，有时候就太拼。从职业或事业来讲，你要明白它对你的意义是什么，是否值得押上全部身心和身家去对待，要计算活着和生活的配比；从爱情来讲，你要知道为之付出和在脑海里感动自己是两个不同的概念，也要明白感动是无法真正转化为爱，只能收获感恩的心，或者懂得极端的情感并不是深度和传奇，歇斯底里除了燃烧自己之外还可能吓坏别人；从心灵层面上，你要搞清楚想象力、梦想、情怀和虚妄、矫饰、宇宙那么大的ego有什么区别。

我有一个朋友，智商很高，动手能力也很强，爱好也很广泛且专业，特别招人喜欢。不知从哪天开始，他觉得自己是万能的。一会儿觉得要创业，一会儿觉得能开个店，一会儿觉得能写出一部感天动地的电影剧本，一会儿觉得还能在股市七进七出……他每天特别忙，分分钟掏出五六张名片，还要应酬交际，我们都觉得他把自己用得太狠了。这种狠，倒也不是说他的选择是错误的，也不是说他不能成功，而是我们亲眼可见的焦躁、悬浮在半空中的各种悬而未决、永无止息的欲望。

当然，高兴就好。但省着用自己，还是有一些诀窍的。不要让非理性的激烈情绪控制你，不要勉强自己参加貌似丰富但实际空洞的社交聚会，要有清晰的目的，并且有行动去实现它，懂得及时止损，不要和已经失去的东西过不去。

现有的生活也有小幸福

上个星期参加同学聚会，大家纷纷说起近况。有人抱怨钱不够花，有人觉得时间不够用，还有人觉得这两样都不够，似乎每个人对现状都不太满意。当问到我时，我微微一笑：我对现状挺满意的，钱多我就多花点，钱少我就少花点，生活嘛没有十全十美的，知足就好。

大概我没有和大家一起抱怨生活脱离了群众基础吧。一个女同学尖锐地问我：你之所以能说出这番话，是因为你本身就不缺钱，就好比我，我最大的梦想就是把我孩子送出国去留学，让他出人头地，为此我拼命工作，努力晋升，可即便如此，我存下的钱距离孩子出国还有很大的差距，而你一高兴就可以满世界去度假，如果我是你，不用为孩子的留学费用发愁，可能我过得比你还优雅，你说呢？

我的答复是这样的：如果你觉得送孩子出国留学使你非常吃力，为什么一定要把他送出国呢？也许中国的教育是有种种弊端，可国外也不是完美无缺的啊，只要孩子有能力、肯学习，在哪都能出人头地。即使你真的把他送出国了，就什么问题都没有了吗？人的学习不仅仅是学习知识，还有独立的思考能力，为人处世的能力，解决问题的能力，这些学习是一生的过程，更是一种不断进取的生活态度，如果认为只要孩子有了留学背景，未来的人生就一定前途光明，那未免太片面了。其实只要孩子品行端正、习惯良好，他想学什么，在哪里学，都不重要，切莫主次颠倒了。那些有大成就大作为的人，也并不是人人都拥有留学经历的。

她对我的话非常不以为然：孩子的问题我们姑且不论，你觉得你的幸福感是不是建立在物质基础上的？

我想了想说：我觉得幸福感关键还是在于心态上。

对于我的回答，她显然很不满意：也许你不肯承认，但是我觉得你的幸福感还是来自于物质。别人用名牌包包时，你不用羡慕，转身就可以去买一个，你家里有保姆，偶尔干干家务那是锻炼自己，难得下个厨，那是陶冶情操。宽裕的生活才赋予了你良好的心态，假如有一天你发现别人都住着独门独院的别墅里，而你和老公还挤在几十平方米的鸽子笼里，当你开着迷你QQ上班时，人家都开着宝马奔驰，从你面前呼啸而过，你心里是什么感想呢？你现在之所以知足，是因为你已经得到，如果你现在拥有的一切都还没拥有，你还会这么说吗？

我肯定地点点头：我还会这么说，其实即使现在你说的这种情况也还存在，当我们开着你觉得挺不错的车时，经常有法拉利和宾利从我们身边呼啸而过，和朋友聚会时，也经常听到人家说在三亚买了一栋价值一亿元的别墅，这些东西都是我们望尘莫及的，说实话，心里也会有一丝羡慕的，但是我想得更多的是，比起别人挤公交车上下班，我已经非常幸运了，至于房子豪华与否，只要住着温馨舒服就行。也许那些住在奢华无比的别墅里的人，还觉得那房子太空旷没有人气，不像一个家呢！很多时候，好不好就在一念之间，并不是拎一个名牌包包，别人就会更尊重你，也不是穿一件几十万元的礼服，就能获得更多爱情。没有人会告诉你，因为你穿了一件昂贵无比的衣服，所以我爱上了你。

也许我的话听起来挺像说教的，可事实真是如此。我相信我们与人交往，不会因为对方有很多财富而对他更加真心，反过来也是一样，别人和我们做朋友，和我们拥有多少财富也没有关系，我相信除了少数别有用心的人之外，大多数人还是奉行这种价值观。

她对我的话非常不屑：按照你的逻辑，大家都安于现状好了，一辈子就住在鸽子笼里，买辆QQ开一辈子，这样的人生最淡泊、最知足？

我说：我不是说这辈子别奋斗了，而是说先要有一个好心态，你只有先放平心态，才能享受到更好的生活。

很多人拥有了名车别墅后，为了健康又骑着自行车上班了，当你羡慕别人拥有那么多财富时，也许人家也在羡慕你拥有一个健康的身体。当你羡慕别人房子大时，他在羡慕你一家人其乐融融地吃晚饭。生活是自己的，无须处处攀比。

如果没有一个良好的心态，无论生活到了什么地步，你依然觉得不满足，当你当你开上了劳斯莱斯，你又忌妒家里有直升机的。哪天你真的拥有了豪华别墅，你又羡慕别人可以买下一座岛屿。就算你成了中国首富，还眼红亚洲首富呢。这一辈子哪里还有个头？

对生活有追求是好事，但别把虚荣心等同于上进心，虽说两者都有出人头地的意味，可其实大不相同，一个是临渊羡鱼、不切实际，一个是脚踏实地、心怀大志；一个夹杂着羡慕忌妒，心理失衡，一个是努力奋斗，与之相齐。

生活没有止境，而生命却是有止境的，以有限的生命去追求没有止境的生活，那是得不偿失的，不如好好从现有生活中寻找幸福的源泉。

[让你的生活有温度些]

周六早晨从健身房回家，把被汗浸透的T恤扔进洗衣机，冲两分钟凉水澡，跳出来坐在电脑前，边喝咖啡边打字，桌面上的台钟，此时指向七点半。

能够从休息日的被窝里早早钻出来，去健身房进行一次流汗的仪式，再回到仓库改造的工作室里读书写字，这几乎成为我最好的思考方式。

半个城市还在昏睡的清晨里，六点钟开始的一天，我窃喜比别人多赚若干时辰，可以把更多内容填进生活里，让日子热闹拥挤一点。

这样的生活，并不是所有人都会理解，所以约人的时候过程异常艰辛，经常遭到拒绝。

A说："拜托让我再睡几个钟头，这是休息日耶！"

B说："我才不要去打羽毛球，周一还上班哩。"

C干脆给我发来一张图片，被窝里披头散发的她，床头堆满零食，剪刀手比画在眼前，条条是道地和我讲："我就是喜欢吃着东西，躺在床上，哪儿也不去，这样才觉得一天没有白休息。"

所幸我还有另一群好动的朋友，无论是精神上执行着巨大阅读计划的人，还是体能上打五个小时羽毛球也不嫌累的家伙，都让我感觉到，生活就算用去浪费，也要浪费在一些有意义的事情上。

我的朋友史蒂夫，刚刚从海上结束十六个月的工作。他负责驾驶直升机，在大海上撒网收网。他就职的是一个韩国捕鱼公司，雇员全部由亚裔组成，无论是来自菲律宾黝黑瘦小的小伙子，还是友善礼貌的印尼人，都让白皮肤的史蒂夫成为文化交错里的聋哑人。

他没法听懂他们热情洋溢的语言，对方也无法理解复杂的英文，只能依靠工作上简单的单词进行短暂的交流。二十几岁的史蒂夫，是别人眼中缺乏生命的白色雕像，甚至都不存在于海上捕风捉影的流言里。

他每天只需工作两三个小时，剩下的时间，就住在船上的小屋里，躺在床上一双眼直直地望向天花板，扳着手指想："现在做点什么呢？"

性格开朗的史蒂夫，在一个完全封闭的环境里，甚至感觉到精神崩溃的迹象。最可怕的时候，他六十九天没有上岸，好多次驾驶着直升机看到陆地，因为执行任务又要马上返回。

就像一辈子住在海上弹着钢琴的1900，史蒂夫是飞在天上无法着陆的一只鸟，一双翅膀呼扇地迎着风翱翔，拢向自己的都是孤独。那时他完全可以选择辞职，就和之前接受这份工作的三个飞行员那样。可是史蒂夫决定从床上爬起来，不再紧盯头顶上的天花板，这或许是一次学会与自己独处的机会，他不想把日子过得冷冷清清。

第一次着陆后，史蒂夫迫不及待地买来一箱子书。大咧咧的男孩子，开始把最寂寞的时光，献给青少年时期来不及阅读的世界名著。

从伏尔泰读到海明威，再从雨果读到莫泊桑，静下心来体味艺术里小人物的挣扎与落寞。后来着陆时，他又抱回若干经典电影，从里面捕捉灵魂流露感情的瞬间，花几个小时把一张脸庞临摹在白纸上，甚至模仿泰坦尼克号里的杰克重新为萝丝画了一张裸体画。

他拿给我看的时候笑着说："那时候没有女朋友，所以胸比电影里画得大了点。"

史蒂夫在海上的孤独世界里，为自己构筑了一个天马行空的领地，他捡起多年不碰的吉他，戴着耳机每天花数小时自学法语和日文，为自己制作飞行的小短片，配上惊悚刺激的音乐，片尾写着史蒂夫，后面又俏皮地加上斯皮尔伯格，他甚至还写了一本十六个月来的工作总结，把飞行的经验和心得完完整整地写下来，郑重交给接手这份工作同样白皮肤的飞行员。

十六个月与社会绝缘的时光，史蒂夫是最有理由把日子过得冷清的人，却活得比我们这些貌似匆忙的人充实得多。

我佩服他的态度，没有让生活变成一潭死水，可也深知并非所有人都像他一样，可以做一个非凡的飞行员，繁忙时在天空做勇猛的雄鹰，闲暇时窝在小屋里做孤独的战士。

我们中的大多数，做一份朝九晚五的工作，是匆匆赶路的普通人，不必面对一个人的孤独，却要惦记交付月底的厚厚账单，为生活做出一番挣扎，所以很多人需要纵容自己小小的懒惰，在可以享受自由的休息日里，攒够再次面对烦琐工作的力气。可是，普通人和普通人的日子里，也有大相径庭的内容。

我大学时的英文老师，是一名离异的妇女。独自抚养4岁的儿子，那时的她36岁，相貌平凡，听说常年出差的老公出了轨，于是在半年内变成了她的前夫。我们这些八卦的女同学，以为这样的人生对于一个即将凋谢的女人，一定是不幸的，从热闹的讲台回到清冷的家，她会摘去强颜欢笑的面具，做回幽怨的弃妇吧。

可是时间久了才知道，这个女老师虽然眼角已经冒出沧桑，可是她的生活里传来的热闹，不只是属于厨房里油瓶碰撞盐罐的声响，还有每天晚上六点半的瑜伽课，深夜里练习的口译材料，台灯下为杂志社写的游记，日记本里计划好的下半年欧洲自由行。

毕业后，我已经记不得修过她的哪门课，但还很清楚地记得有关她的一些片段，她开一辆扎眼的小红车，总是花很多心思在衣着搭配上，一张脸虽然有渐老的痕迹，身材却是那个年龄少见的窈窕。

我们都窝在家里的寒暑假，她就拿着平日里做同声传译的外快，带着年幼的儿子去世界各地开眼界。回来时拿海量的照片，还有刊登在杂志上的游记，做成PPT放给我们看。

她说："我的人生并不欢快，但我为自己创造的快乐指数还是蛮高的。人这一辈子，应该多做一些事，多看一些风景，不能只认得坐在树下乘凉的街坊四邻，也不能到老了还走着家门口的两条街。"那种忙碌充实的状态，就变成这些年来，储存在我心里的生活哲学。

我的一位相识，26岁的女孩，有我羡慕的高挑身材，还有颇具回头率的天使脸蛋，可是每次见到她听说的事情，却总是与"吃饭"或是"减肥"有关。

今天在说"哎呀呀，撑死了，再也不吃这么多了"，明天又抱怨"饿死了，只吃黄瓜不开心"，唯一一次对学英文产生兴趣，坚持两天又大呼"不学了，睡觉去，背单词比死都难受"。若是许久不见她，我能听到姑娘聊起生活里的话题，只有身材的忽胖忽瘦。

我时常好奇地想，面前的姑娘，十年后的生活，会不会投进一颗石子，空荡得连"咚"的一声回响都听不到，而今年这个美丽的她，又会变成怎样的人？那时还会不会有男孩子痴痴地望着她？

生活中，我很少让自己闲下来，恨不得把每个时间缝隙都填满。很多人不理解我所执着的这种高密度生活主义。

每次去图书馆拉回家一箱子书，有人问我："读这么多书有什么用？"打三份工的时候，有人说："打那么多工能多赚几个钱？"冬日里早晨六点钟去健身房跑步，有人说："你又没有太胖，那么早起床干吗？"一个人跑到激流岛暴走六个小时只为感受顾城存在过的土地，有人瞪大眼睛："跑那么远的路就为干这个?"

对于很多问题,我都无法给出一个确定的解答。我只是知道,我想要一种未来,和美好有关,而美好的人生,从来都不会降临在稀薄的生命里,我能够做的,只是别让生活太冷清。

我喜欢热闹的生活,在灵魂里沸腾起来的声音,仿佛一种欣欣向荣的预言,听起来特别踏实温暖。

[生活值得你去静静品味]

夜晚十二点，徘徊一个人的音乐，聆听心跳的风景，独自阅读那份灵魂的深处，有月光的明天会让我熟睡，有晴天的夜灯会让我早起。

静静地品味生活，品味着穷酸的苦乐，舞动着脚步，寒冷的血丝似乎游走生活的街区去幻想，发现自己的昨天简单，自己的明天遥远，若是走出今天，一辈子都不知道昨天是什么样子，似乎更难以相信明天会是一个有精彩的故事。

不知道听了多久，才熟睡了，醒来的早上，吃过早餐回来背着自己的行李，感觉沉重已经被昨天抛弃，希望被自己点燃，一句话，准备上路。

是我的长相苗条，还是我的阅读太挑，忘记了昨天下楼的语音，忘记了曾经被偷的感觉，出门的晴天，看守撕开阅读的城墙。

看过佛的书籍，听过自己的句子，就是不懂爱情的挑剔，有人描述它的外表，有人描述它的声音，也有人撕裂自己的心去表达命运的感情。

我不能读懂全世界对我的输，却能认定自己微笑表达大自然的孤独。

放开胸怀，走进别人眼球的是内容，打开心脏，撕裂别人的故事来弥补曾经的放下，也许这就是对生活的对白。

有人因为我的站立而悲伤，也有人因为我的没有工作而劳烦，也许这就是衡量思绪的心跳在作怪，我也没有太多的不愿意，只是不想把青春浪费太多。

感情说不清你和我的遇见，心跳看不透离殇和放纵，我在路上，你在咫尺和梦中，就是为了那个传说的追寻，我要用心跳奔跑，跑到那个你看见的风景里。

遇见你，是生活，遇见你，是迷离，遇见你，是再也不见，遇见你，是不离不弃，还是那个传说的天涯海角九十九不满，一百少一的等待呢。

我听一个老人说过，只要喜欢一个人，你用全部去等，你用全部去追，不要担心生命的微笑，不要可怜自己的膝盖，只要你付出，别人总会感到的，毕竟人心不是铁做的，不要怕，越怕的人越会没有恋爱的机会，不要担心，担心恋爱会失去，注定自己喜欢的人会喜欢别人。

也许高贵的灵魂不会因为肢体语言而放弃自尊，也许高贵的话语能倾尽一个人的所有。

爱了，才知道付出的不够，懂了，才知道离开的痛苦，哭了，才知道曾经是那么的繁华。

我相信，有人的地方就有思念，有人的地方，他们曾经都会关注过心中一直隐藏的人，有人的地方，他们都会讲起，想起曾经年华的美丽。

无论是歌声的回忆，还是曲调的风景，或者是琴弦的阅读，对那些受伤，终成眷属的人都是一种感动，一种回忆的希望，祝福。

如果你听到流浪的声音，请你放下一切的烦恼，放下曾经的阅读，去品味爱情的曲调，它不是两个人说话的味道，它不是千丝万缕的绝唱，也不是什么海誓山盟的放纵，而是一种孤独，而是澄清流淌的风景，是一种没有猜测，没有童年，没有冲动和冷静的芳香。

承受着一个人的天资，表达着数学的字句，有时候就是查不到语文究竟需要多少字才能读完几年的教育。

忽然有人拍了一下我的肩膀，对我说，朋友，去哪，需要车吗？

我十分的惊讶，那么美丽，清风吹动她的发丝，衣着整齐，礼服美丽，问我买车，我没有回答，她直接走了。

自从她走后，我有一万个理由想去表达我的看法，就是找不到说话的理由。

我去效仿她的表达，转身去拍了一下别人的肩膀，那个人的转身却直接对我说道，朋友，想买车吗？

我惊讶了，这是第二个美女，可是我真的不想买，刚刚准备的句子忘掉了，却说了一句下次再来，然后直接走掉了。

哎，多么可怜的伤心句，多么悲催的难以忘怀，是她，是她的不微笑，还是我兜里没钱，不需要车呢，最终的目标我是为了寻找明天。

看见小桥流水，仿佛想起一句诗词，"古道西风瘦马，小桥流水人家"。

有人在那拍古装照片，让我仿佛回到年少的曾经，不需要拍照，不需要打电话，不要买衣服，不会花钱，只会等着吃，看别人穿，可是舒适总是短暂的。

我能错过别人的青春，来不及参加很多的婚礼，别人也不会体验我走过的风景，历练我错过的情感，这也许就是迷离的青春。

找到别人的故事需要听，看见我的风景需要等，这是我的招牌吗？不，这是曾经写错的耽误，哦，不是，这是曾经抒写别人的忘记。

抬头望着天，低头看着地，想不到未来还是现在的语速，无法证明自己未来的高贵，却可以一步一个脚印去探索今天的时间和生活。

有人说只要走下去，一定可以找到太阳的步伐，也有人说只要等下去，一定可以让别人看到自己的老去，但是如果等和追结合，未必只会失去年龄和青春，我想多了也会头疼，我没钱了也会气垒，我没有朋友更会难以支撑昨天的今天走进啊。

我相信情人的眼泪会编织一切的欢颜，爱人的句子会创造两个不可能的神话，所有的花前月下都会出现可想可梦的迷离伤感。

也许在没人的地方，在没有故事的地方，出现那么几句曾经，几句所有的过去都是骗人的，但是对那些爱得深，爱得真的人不会去说，只会去等。

路过一个人的风景，猜测明天的味道，步进岁月的流淌，回味曾经的磨样，多少流浪，多少芬芳，依然荡存最初的翅膀。

荷叶曾经走了又来，树枝断了有长，可是那副披荆斩棘的灵魂什么时候有了羽翼的绝世倾城，才能抵达无双的归一。

很少人不用昨天的榜样，很多人不知道明天的辉煌，流浪街口，还是断送青春，对自己，对明天，都是不值一提，因为没有人会相信明天就在身边。

我花掉了青春，撤掉了未来，独自一个人去往，独自一个人寻找，虽然明天、昨天、今天都是别人传说的故事，而名字的最后终点希望自己能到达巅峰。

珍惜眼前的一切小确幸

前两天突然接到一个大学同学的电话，说他爸爸要来北京，请我帮忙接应。我很是惊讶，他爸爸不是癌症患者吗，怎么一个人跑来离家千里之外的北京？当我在火车站见到他的时候，那个面带倦容的大叔却兴致高昂地讲起他这一路北上的游历——贵州的黄果树瀑布，湖南的张家界，武汉的黄鹤楼，洛阳的龙门石窟……完全不像一个重病在身的人。

叔叔说，在得病之前，他对许多事都有抱怨，总觉得老婆做的菜不是太油就是太咸，老觉得女儿下班后怎么总不按时回家陪他看个电视。可是现在他觉得，一家人没病没灾地守在一起，柴米油盐，就是幸福啊；没有外债，没有天快塌下来的大事压在心头，就是幸福啊；没有疼痛，不用人搀扶，能自由活动，就是幸福啊……于是，在病情稳定、征得医生同意后，他开始了这趟散心之旅。

"不是有句话说吗？已经不会比这更糟了，就像已经到了谷底，不管怎么走，都是上坡路。"叔叔说，所以他就想趁着身体还行，出来看看外面的世界，看看美好的东西。你的关注点是放在积极面上还是消极面上，能决定你的幸福水平。

是啊。有人说，我那么努力地生活，可生活还是辜负了我。可是，生活哪知道你是谁？不管它给你怎样的安排，你只能接受。但是，你也不是完全被动的啊，对待生活的态度掌握在你自己手上。

这让我想起不久前，广西柳州一位27岁的小伙子，他的女友患有家族遗传的小脑共济失调症，发作之后的短短7个月时间里，就从健康人变成了只能依靠轮椅代步的残疾人。今年元旦，他骑着单车，用两根绳子拉着轮椅，载着女友，从柳州出发开启旅途。6个月后，他们抵达拉萨。他在布达拉宫广场，手捧格桑花，向轮椅上的女友求婚，彼此许下终生陪伴的承诺。他们还打算经过青海、甘肃、陕西、河南、北京、山东等地，再回到广西，在中国地图上走出个心形，来见证他们的爱情。

很多人都被他们不离不弃的爱情所感动，但我更愿意把这理解为是关于生命不屈的故事。就像小伙子说的，"车坏了就修，下雨了就躲，有困难就勇敢面对，没有什么是解决不了的。人生在世，什么都能体验一把，该多好。我们不会做莽夫，只是不想辜负此生，所以要去看更大的世界。"

"在这无常的世界，你要深情地活。"这句话，我似乎懂了。

人这一生，如果能平平安安地老去，也算是万幸。可生活不会总是这么风平浪静。深情地活，可能就是当生活给你的是破铜烂铁时，你也敢于踩着它们往上爬；可能就是在一团混乱的状态中，依然能发现点滴美好；你可以不接受生活的残缺或者平庸，但是在你发现它不完美之时，依然能够拥有热爱生活的激情和能力。

所以，想一想，你有多久没有在黎明破晓时分，看到过红日喷薄欲出；有多久没有在清凉的夜晚，跟爱人携手并肩仰望过满天繁星；有多久没有带孩子去郊外，倾听鸟啼虫鸣；有多久没有回到父母身边，夸赞他们的厨艺还是那么令人回味……

你不知道下一秒会发生什么，但是眼下的这每一秒，都应该珍惜。

[别忘了除了工作，
你还有生活]

和M小姐约在江南的梅雨季节，躲雨的人比外出的人多，连昔日熙熙攘攘的咖啡店，也没有那么多人。她说，想和我聊聊。

M小姐是我十多年的朋友了，略白，小富，很美。过了30岁，却比我们这些朝九晚五的年轻人都有干劲。她读书的时候就是如此，目标明显，和自己干死劲，高考的前一星期每天只睡两个小时，叫嚣着到考试结束后撕碎书本，要游遍全世界；结果是搬了一堆的书本去读大学，因为要入学考试；没有去旅行，因为打工能赚钱。

她这次找我，是帮她看一个文案——据说是个几十万的单子，她已经废寝忘食好多天，她需要许多个人的创意，最好能帮她把把关。其实，这就是她的工作状态，半夜两点，常常给我打电话，早上开手机问候她，又说没什么事，只是晚上回家的路上想说说话。干了五年就干到副总，副总干了五年，年薪已经让我们望尘莫及，接下来她自然是觊觎要自立门户的，所以，她需要许多事——钱、人脉、经验。

于我们平凡人，对她是有敬意的，比如，我周围的一些朋友知道M，都说，这姑娘可真是能干，十年就赚了别人一辈子都可能赚不到的钱；可我念念不忘的是她的食言——来自于一个朋友的爱，绝不带一点酸涩。食言，她很少对别人，但对自己总是。她以一种格外苛刻的标准捆绑着自己，唯恐一旦松绑，自己就像一只脱缰的野马，不知去向。她每隔一段时间的目标，让她变得干劲十足。

2006年，我还在读大学，她大学毕业，她说，如果我赚到20万元，就辞职，去开一家咖啡店，养猫、养花、养草，睡觉，晒太阳。我很笃定地觉得，嗜咖啡如命的我们，会过一种理想中的生活。

工作的第一年，她顺利完成了一个新人到职场老手的转变。那一年，我几乎没有机会见到她，见了三次面，一回是她的生日，一回是我的生日，还有一回是她应酬喝到挂点滴，她的同事给我打电话，我在医院里看到了昏睡中的她。她后来说，没有钱只能与工作妥协，如果有钱了，就能过自己想过的日子。

2008年，她的第一个梦想基本破产，不是因为没有达到目标，而是她发现目标太小。她说，20万元真的不够，赚够100万元，她打算环球旅行，然后嫁人。她认真地和我说，那会，我是真信了，于一个女孩子，有了事业，完成了心愿，再结婚生子，从打拼到隐遁，是最理想的状态。

可后来，我就明白，这不过是她假想的泡沫，在2011年，她进入公司的管理层，老板说，年薪加业绩提成，翻一番。她在公司放了个舒服的躺椅，有时实在忙，就干脆睡在公司，最高的纪录是在单位睡了一星期。那一年，她没有出去旅游，没有参加她高中时代的同学会，没有去外地参加大学同学的婚礼，都是因为——太忙。太忙，这就是她的状态吧！有一天，她手机关机了，她的母亲着急地给我打电话问我她的去向，蓦地，她自言自语：这孩子，成天工作，工作，工作，忘了我们无妨，估计是把自己都快忘了吧！我后来才知道，她为了赶一个设计，通宵了三天。

2012年，一次吃饭，我戏言：100万元还没到吗？她显然没有料到，她随口说的话我还记得，她有点尴尬，然后想了想说，想买个房子，存个100万元，再考虑休息去玩，毕竟没有房子，是一件多么难堪的事。我没有说话，看到她吃饭间隙,还不断地接到客户的修改意见,她笑语盈盈又满足的样子,就知这话也不过是云烟而已。

  这次是我今年第二次与她见面,我和她面对面坐着,桌子上的咖啡,不过是她的摆设而已。她的本子上,清清楚楚地记录着近一个月约见的人的意见,而我的意见,她正一顿一顿地记着,唯恐落下。她说:今年的目标还没完成,所以没有时间休息,如果完成了,打算出门旅行一个月。她没有抬头看我,她好像是在与自己说,瘦削的脸上和紧锁的眉头,还一直显示着"紧张地工作"中。我说,才过了半年,如何能完成一年的业绩呢!她笑了笑,没有说话。

  几乎在放下文案后的五分钟后,她把咖啡喝完,走了,匆匆忙忙。她和我说"不好意思",留下她的抱歉,我习以为常。

  忽而,我想起一句话,多少人活在自己假设的生活中醉生梦死,多少人又在现实的目标中无法自拔。年轻的时候,我们常常努力到忘了家人、忘了朋友、忘了生活、忘了自己,等到暮年,才发现,自己错过的是该留下的每一段记忆。当记忆干渴如沙漠,你赢了工作,丢了生活,又如何!

我们都在过小生活

[1]

连日来下了几场大雨，家里的井水变得浑浊，散出一种怪异的味道，可想而知，无法入口。

已经四点，马上要做晚饭，母亲见无水可用，有些焦急。后来听说邻居家的井水清澈依然，便琢磨着去他家借水。前段时间母亲受过腰伤，提不了重物，所以，这个光荣的任务就落在了我的身上。

母亲问我提不提得动？

我说道，"不就是提水吗？多难的事，您先把家里的水缸洗干净，我分分钟把它提满。"

说完，便提着两个铁桶出发。

我们家与邻居家隔着五十来米，中间有个斜坡，幸好回时是下坡。

刚开始对满满的两桶水没有概念，猛一提起，差点没把我撂倒。虽然最后还是提回了家，但是经过颠簸，每桶水都少了五分之一。

来去三趟后，我渐渐有些力不从心。

来去六趟后，我开始有些绝望，看着水缸，仿佛它是个无底洞，怎么也填不满。

后来不晓得从哪儿来的毅力，愣是把整个水缸填满了。可完成任务后的我像虚脱了一般，一屁股坐在凳子上，喘着粗气。

母亲过来取水淘米，我开口就是，"妈，省着点用。"

母亲朝我扑哧一笑，"知道累了啊，以前家里没打井的时候，这水都是我和你爸从别人家挑过来的，几年都这样，也没见你省着点用过，还用来打水战呢。"

是啊，有些事情，看着容易，可真正经历过的人才真正知道其中的困难和辛酸。

想必，很多人都知道"书到用时方恨少"这句话，那么它的下一句是什么呢？知道的就巩固一下，不知道的，就get起来吧。

"事非经过不知难"。

[2]

服务员走过来问我何时上菜。

我看了看手表，估摸着C君下班后开车赶到这里需要半个小时，加上现在外面大雨，路况不好，应该再给予十分钟宽限，所以便微笑着对服务员说，等四十分钟吧。

可我大约只等了二十五分钟，C君就奇迹般地出现在了我面前。

我有些惊讶，"你提早下班了？"

C君一脸纳闷地摇了摇头，"没有啊，怎么？"

"我看你平时开车到这里至少要半个小时，今天下这么大雨，你怎么还快一些？你是不是飙车过来的啊？"

"我开车多规矩啊，你又不是不知道，怎么可能飙车。"

"那怎么回事？"

"你傻呀，你想想，这种天气大家都懒得出去，路上的车要少很多，加上行人也怕被车子扬起的水溅到，所以也更规矩地靠边上走，这么好的路况，当然要比平常快啊。"

我豁然开朗。

人生有时也是这样，晴朗之日，你不见得进步得最快，反而有点儿风雨，你会更快地到达你想去的远方。

当然，前提是，那点儿风雨不会让你止步在家里。

[3]

二十多天前，我突发奇想，想看一看一颗种子从发芽直到开花的全过程。

所以，我在淘宝上买了些向日葵种子。

清明节那天，有不错的天气，便在盆子里培土种植，弄好后，就摆置在房间里好生养着。

五天后，有小芽长出，继而，长到了三四厘米高，绿绿的，好不可爱。

可是过了几天后，我突然发现小苗有点蔫蔫的，心想是不是没有晒够太阳，便将它们全都搬到了窗台上。

就在那天下午，我接到个紧急出差的任务，当天就走。

直到我在另一个城市下了飞机，遇上瓢泼大雨时，我才突然想到，家那边是不是也在下大雨？当时向日葵小苗还在窗台上呢，那么幼小的苗，怎么能抵挡住这些风雨了。

想到这，我立马给我妈打了个电话，让她把小苗搬进房间。

她当时答应得好好的，只是等过了五天，我回家之后，才发现向日葵依旧安放在窗台之上。

听到这五天里下了好几场大雨时，我立刻跑上楼，担心着是不是会见到一幕人间惨剧。

所幸，小苗并没有像我想象的那样全军覆没。

的确倒伏了几棵，但是剩下的那些屹立不倒的远比我去之前的长势要好，已经长出了四片叶子，根茎也比以前要饱满得多，显然，它们扛住了风雨，让自己变得更加的阳光了。

或许，培养自己的孩子就如同种一棵棵向日葵一样，何必一定要把他们摆放在温室里长大？相反，应该要让他们适当地经历些风雨，只要风雨没能彻底地把他们击垮，那么，一切都只能使他们更加强大。

生活没有那么多的大风大浪，人生也不总是大起大落，更多的时候，我们都在过小生活，如果能在小生活中多一点小思考，你会发现每天都会有些小改变和小幸福。

［不要因为那些不重要的人
忘记了最重要的事］

表妹今年刚毕业，进入职场刚刚一个月。昨天给我发信息说，姐，职场的人际关系那么难吗？为什么我怎么努力，都没法跟她们亲近，总是像是在排斥我一样。然后发了一个哭的表情过来。

在我的印象里，一直是乖乖女的表妹，顺从听话，性格也活泼开朗，虽说不是人见人爱，但至少不会惹人厌。所以我听到她提到同事对她排斥觉得有点奇怪。我当下就打了个电话给她，问她怎么回事。

表妹的声音有点疲惫，跟我讲了事情的经过。

刚上班的表妹，找很多机会跟大家相处，希望跟大家尽快地打成一片。同事去茶水间，就跟着一起去，希望能听听大家聊天，能插上话就更好。实际情况是，大部分时间只能跟在旁边呵呵呵，偶尔插一句话，别人随便瞄她一眼，又继续自己的话题了。

中午吃饭时，也跟着两个同事去吃饭，打好了饭，喜滋滋跟在她们后面的，这时，她们看见了熟人，直接就走了过去，那个桌子只剩2个位置，也就是，表妹只能一个人吃饭了。这样的事情发生好几次。于是表妹觉得很委屈，感觉别人都在忽视她。

听完表妹的话，好似场景再现一般，我想起了自己刚毕业的时候。

第一次参加工作的我，自然是不敢怠慢，使出全身的力气，想要做好每一件工作，想要讨好每一个我接触的同事。

那时候，有两个同事（简称A和B）负责带我这个实习生。8点上班，我总是7点半就到了，帮她们倒好水，擦好桌子。吃饭时，等着跟她们一起吃，坐在桌子的最边边听她们聊天。她们工作有需要跑腿的，我也是随叫随到。下班了，也是等着她们一起去做班车。

两个月，在我觉得我跟她们相处得还不错的时候，发生了一件事。

我们公司的台湾领导5岁女儿过生日。给我们营销部大办公室拿来了一个蛋糕。当时在办公室加班，一共9个人，我们小组有3个，A、B和我。领导的秘书在前面的桌子分蛋糕，大家一哄而上去吃。

但是蛋糕只有8块，最后有一个人没有吃到，没错，那个人是我。

我没有一起过去凑热闹，是因为当时正帮A做一份报表，她说这个报表很急，要立刻做好。我听到她们一边吃蛋糕，一边嬉笑的声音。心情却像是抛物线一样，从刚开始的翘首企盼到心里隐隐不爽到最后的失望。

是的，她们把我忘了。别的小组同事也就算了，平时在一起的我们小组的A和B居然也忘了，而且当时情况是，我正帮A做一份她说很急的报表。一块蛋糕并没有多么了不起，但那时对我来说，那至少意味着一种认可。

蛋糕吃完后，她们走到我位置，A夸张又惊讶地说，哎呀你怎么还在这，我还以为你走了呢。B顺势接上，一脸笑意望着我："哎呀，不好意思，蛋糕都吃完了，你怎么不说一声呢。"

我努力压抑心中翻江倒海的愤怒转化而成的难过，故作轻松地说，没事，你们吃就好啦。

那天，我不知道我是怀着怎样的心情做完了表格，又是怎么把表格给了A。但是那天我头一次没有等她们，东西一收，就先回去了。

那次先走，却让我遇到我职场上第一个需要感激的人——隔壁部门的主管Y。

Y来自内蒙古，性格泼辣，直言直语，工作雷厉风行，做事严谨细致，骂起下属来毫不留情，谁都不敢得罪她。带我的两个同事，在背后说了她很多坏话，什么爱在领导面前表现，性格太坏，容易得罪人之类的。开始我听了以后，信以为真，平常几乎不敢惹她。

那天晚上她正巧也在办公室，目睹了整件事。回家的路上，我因为有点怕她不敢乱说话，加上心情不好也不想说话。她也一路沉默，我们就这样尴尬的步行了5分钟。

分叉路口，她突然叫住我，轻描淡写地跟我说了一句话。事实上，后来她跟我说过很多如今想起来仍然很有道理的话，可是那天晚上的那句话，就像漆黑幽暗的夜空瞬间划过一颗闪耀的流星，就像大海中迷失方向的夜航船，忽然发现一座灯塔。

她说，"不要为了挤进别人的圈子，忘记自己工作的目的。"

尽管这句话，现在看来有鸡汤的嫌疑。但是对于当时伤心失望的我来说，无疑给了我莫大的勇气，让我能重新鼓起士气，继续前进和战斗。

第二天，我一如既往热情地跟A和B打招呼，然而心里却下定了决心，要以不同的面貌面对我的工作。

不再特意去打水，擦桌子，做着这些她们自己也能做的事；不再特意凑到茶水间聊天，笑着那些我根本听不懂的笑话；不再硬是跟她们坐在一起，做永远被忘记的边角料；不再特意等她们一起下班，做那个唯唯诺诺的小跟班。

后来的日子里，我尽量把关注点放在自己的本职工作上，工作数据分析需要做大量的Excel表格，那么，我就想办法把表格做到比一般人要好。接下来的几个月里，我学到了Excel处理数据很多函数。其中有Y的功劳，她是Excel高手。我也开始跟Y学着写职业化的工作邮件，尽量做到每次邮件标题明确直观，内容条理清晰。公司经常会有一些英文邮件往来，所以闲下来的时候，我就看一些英语学习资料。

A和B自然也看到了我的变化，也经常会我耳边冷嘲热讽。我看书的时候，不冷不热地说："哟，看什么书啊"，"哦，英语，哎哟，你还挺认真的啊。""哎呀，公司给你钱，是让你来学习的吗？"……我向Y求教回自己座位后，A满脸"诚恳"地跟我说，"你现在跟她走得很近嘛，你当心点哦。她跟我们的经理关系不好。"B斜了A一眼，"你跟她说这些干吗，让她去。"我发邮件仔细核对数据的时候，她们会说"哎呀，快点发出去吧，看这么仔细干吗，赶紧发出去。"

如果以前，听到这样的话，我必然是惶恐不已。我会隐隐地害怕因为看英语，或是跟Y关系好，就融不进她们的小圈子了。之前的我会为了迎合她们的口味，回去看他们喜欢的电视剧，为的是跟她们有共同的话题；研究她们聊天中提到的品牌，以便有天她们聊到时，能插上话；远离她们不喜欢的人和事，希望得到她们的认可。

但是那天我并没有原先惶恐的心情了，当我专注自己的工作时，那些之前因为害怕一句话或一件事就惹别人生气的忐忑不安的心情突然不见了。

因为我知道自己在干什么，想要什么，什么是重要的，哪些又是可以忽略的。

后来，我跟Y越走越近，经常向她讨教做表格遇到的问题，工作中的一些处理方案也会请她帮忙参考。

有一天，Y向我们的副理（台湾领导）推荐我做呆滞物料分析报表，发给美国的总公司。我花了一个晚上的时间斟词酌句，加班到10点，完成了那封对我来说特别重要的邮件。第二天我的邮件就受到了副理的夸奖，我部门主管也过来当众表扬了我。

B到我位置上，对我说了一句，"哎哟，没想到你英文还挺好的嘛。"

让我感到诧异的是，当天中午，她们主动叫我去一起去饭堂吃午饭。过了几天，还问我要不要跟他们一起K歌。

这段经历，让我突然就明白了，职场中你之所以会无底线地讨好别人，不是因为你懦弱，也不是因为你善良，而是因为你根本不重要。

因为你不重要，所以你更渴望存在感，你竭尽全力明白别人笑话的"梗"，却不知道人家已经有了新的笑料。

因为你不重要，所以你更希望获得认同，你回去恶补他们所说的电视剧，殊不知一转眼，他们已经嫌弃这个剧。

因为你不重要，所以你更期望有归属感，你迎合她们口味学着八卦和吐槽，甚至不知道也许有一天你说的话会给自己带来灾祸。

因为你不重要，所以你不敢拒绝，害怕她们再也不理你，你日复一日在卑微的惶恐中战战兢兢地活着。

因为你不重要，所以你不敢特别，甚至连学习也会变成她们用来嘲弄你的理由，上进则变成她们眼中的要被批斗游街的异类。

职场的圈子有很多种，有的是化妆打扮八卦聊天的，有的是钩心斗角派系斗争的，有的是不惹是非秉持中庸的，有的是努力积极专业钻研的。

在你还不够重要，需要向圈内人学习知识之前，首先要明白自己要挤的是哪一个圈子。别一股脑儿扎入耗费自己精力，最后让自己没有任何成长的圈子。别让你的讨好变得没有任何用处。别被无形的力量把你拖入平庸无聊的漩涡。

如果真的要讨好，也要去讨好那些对自己工作技能有帮助的同事，或是跟自己三观一致的同事。那时候，讨好也变成了发自内心的真诚，少了很多卑微的迁就。

但是记住，永远专注自己的工作，不卑不亢，让自己逐渐变得重要才是真正要紧的事。因为只有你自己发光，才能驱赶黑暗。只有你自己发光，才能被人发现。

昨天晚上，我把Y当年跟我说的话，原封不动地送给我表妹。

"不要为了挤进别人的圈子，忘记自己工作的目的。"

别让自己脱离了生活

常常被人问起:"你相信爱情吗?"以前的我相信爱情,但对外表形象更为看中,认定了就会奋不顾身。现在我还是相信爱情,但更相信人品,不会只凭借眼睛里的一见倾心就轻许将来,以至于把眼前的快乐弄成了纠结。

人品的好与不好,都来自于那些相处中的细节,看人要用心和时间,而不是光靠眼睛。我是一个注重细节的人,不论男女,对方的细节决定我冷热的程度,对方的思想决定我聊天的长短,大多数人即便相识也很快就会陌路,而那极少数留在生活里的人,或许是爱人,亦或许是朋友了。

有些人会认为在爱情里谈人品很无聊,爱情出于荷尔蒙的原始本能,彼此热恋的时候表现出的都是最美好的一面,或者说荷尔蒙会让我们忽略人品。有这种想法的男女往往会在分手的时候伤透心,因为那时候人品才会浮出水面,给不爱的人迎头痛击,让你三观尽毁也是常有的事。

而那些有品质的人,在一见钟情后也不会因为荷尔蒙忘记责任,就是分手也能坚守底线把伤害降到最低。相爱的时候或许不觉得,但不爱的时候那个人还肯为你纯真的心做最后守护,这又是怎样的一种大爱?即便迈过有品质的前任,你也一定会获得成长。

我也不得不说,即便曾经是个有品质的人,也会在生活的磨砺下发生有偏差的改变,不是所有人都会因为经历的多而变得纯净简单,更多的可能是迷失后随波逐流,变成了自己原本最讨厌的样子。

之所以爱情越来越脆弱功利，就是因为人心越来越浅薄贪婪，品质是这个社会最稀缺的精神，而坚持才是最难得的品质。我见过最终变得不好不坏的一种人，追求名利又时常自责，选择逃避又逃不开自己，这些时候谈情感，都是一个力不从心。

要知道，不是每段情感都可以开花结果，但却也能走到云淡风轻彼此陪伴一段路，然后在以后的某一天不用告别就渐渐离散，留下的只是曾经的温暖。茫茫人海，没有一些让彼此相识的途径，陌生男女很难遇见，有时候明明是一种缘分，却偏偏被当成是一场艳遇，甚至连相识的方式都成了不信任的理由。然后，就没有然后了。

很多人都是这样擦肩而过，没有灵犀说破也是一种疲惫。总有些情感无法开花结果，却也等不到云淡风轻，没有一颗强大的心就会被其所伤，好像美好的都不属于自己。

开花结果是一种圆满，云淡风轻也是一种幸福，爱情的快乐动人大多数来自过程中的心心念念，结果需要水到渠成强求不得。我始终觉得一个有品质的人才能在最不堪的境遇里坚守自己，又有能力深爱和保护身边的人。

生活中很多男女一边渴望被爱，一边又无法信任害怕受伤，好多读者也问过我类似的问题："在经历过所谓欺骗痛苦的离散之后，自己还该不该再去信任对方和相信爱情？"

男女之间的情感能不能永远，实在是件很难说的事情，即便那些相守了一生的男女也未必都是因为爱情。不要动不动就把自己放在弱者的位置上指责别人，缘起缘散人心薄凉是常态。总之，你相信爱情才会遇见爱情，你相信对方才能感受美好。

这是一个缺爱的世界，很多人与其说在找爱不如说是在找安全感，却不知道最大的安全都来自于你的自信。荷尔蒙只负责一见倾心，柏拉图才负责白头到老，至于中间的过程，你或许需要经历好几个，才能找到个旗鼓相当的就此牵手一生。

换句话说，你挺得住，才能最终拨开云雾见月明，总有一个人能让你释怀之前所有的苦痛伤愁。

女人成熟的标志是学会独立，学会狠心，学会微笑，学会放弃不值得的情感努力经营自己。而男人成熟的标志是学会沉默，学会隐忍，学会宽容，学会以一颗英雄的心守护心爱的女人。

我相信爱情，但更相信人品，有了那些有教养的细节，那个人的沉默也熠熠生辉，有了那些坚守的品质，那个人的微笑也温暖有力。

而一个有品质的人，才会对社会、对他人、对周围事物、对突袭的凄风冷雨表现出稳定的心理特征，不会轻易怀疑放弃，不会轻易失去信心，这才是决定我们的情感能否幸福，我们的人生能否成功的最关键部分。

岁月悠长，
不散真心

人一生所能真正拥有的，
不是任何物质和外在，
而是对自己的信念，
是知道自己要什么、
不要什么，
是有所坚持。

不忘初心，
方能行走有力

[1]

如果我没有好好读书，照我的性格，我应该会是一个很出色的泥瓦匠，可我不乐意啊。

"你看看你现在都混成什么样了，男儿无妻不成器，别以为你自己有多了不起，再过几年，年纪一大把，活脱脱的'寡公汉'。"

等等，那个字应该念"鳏"吧。

一家人围炉夜话，似乎也没什么好的话题，于是上演了一番家庭伦理剧。

我强忍着心中的歉疚，一句话也说不出来，无论如何，他们仅仅说却什么也做不到。

总说命运要紧紧攥在自己手里，却也总免不了一些羁绊，甚至觉得自己不该再这么任性自私，只为自己而活。

像老杨家儿子该多好，同样是大学生，毕业后考在边远的农村信用社，和谈了七年的女朋友分手后，遇到一个有钱有势的老丈人，工作调到城里，月入上万，买车买房，出生不久的儿子白白胖胖。

老李家的儿子只是初中毕业，在澡堂搓过背，在工地打过工，后来开着一辆小三轮给一家食品批发商送货，起初一个月只有两三百元的工资，因为精明能干，借来两千块作为本钱做生意，现在已经有了上百万的家产。

相比之下，我走了一条并不明智的路，花光家里所有积蓄，只学会跟家里人作对。

其实我并不害怕和父亲争吵，毕竟我也是头顶有两个漩的人，倔起来像头牛。我真正怕的是他吵起架来都没有以前有气势了，我都还没怎么发挥他就轻声软语动之以情了。

他的同龄人里，当将军的有了将军肚，打老虎的时候每天提心吊胆；写文章的成了名人，时不时地还被网友嘲笑虚伪；做生意的当了国企高管，有时还得亲自出国送货顺手救济一下非洲人民……不管做什么，他一定比他们都优秀。

时代使然，他成为最出色的泥瓦匠，把我当着余生所有的希望。

他已经老了，强迫症让他一直不敢懈怠，我知道他害怕，那个年轻时一拳一阵火花的男人，自从有了家庭，有了孩子，他就一直生活在怕自己无力养家糊口的恐惧中。他已经有了白发，动作不再干脆利落，他的肌肉松弛，反应速度变慢。

工作让他摔得浑身是伤，常常旧疾复发，他早该休息了，换我肩挑背扛，传宗接代延续香火。

[2]

可是我，只想换一种不一样的活法。

子承父业做个出色的泥瓦匠固然也不错，但是一辈子待在一个小地方，高铁飞机只是听说从来没有坐过，每天日复一日重复劳作，没有好好地去看看这个世界，只是把希望寄托在下一代，始终无法说服我。

在飞速发展的年代，接触不同的社会就有着不同的视野，最终会因为价值观成为不同的人群，有野心的人总要放眼世界才能升华自己。

有个公司的老板问一个年轻人，你这个工作很普通，哪里都能做，就算有差距，家乡和这里每月相差不会超过300元，但是你在外地打拼，租房、路费、购买生活必需品增加的成本，绝对不止300元，何不回到老家工作，多安稳？

年轻人说，我就是喜欢这种闯荡的感觉。

老板说，我明白，你可能在寻找或等待某种机会，找一份更好的工作。但同样的机会，你的家乡也有，你可以在自己家乡闯荡，凭借本地人的优势，你成功的概率更大，不是吗？

年轻人说，我就是不喜欢家里。

可能不是所有的叶子都要在冬天掉光，不是所有的适婚青年都要草率地走进那结婚的殿堂，然后三年抱俩，不是所有的数学老师都要大腹便便秃了顶，穿着格子短袖装模作样。

我只想换一种不一样的活法。

[3]

"差不多得了，赶紧找个人结了吧。"

虽然已经是司空见惯习以为常，每每听到这样的话，我还是会愣很久。

我们永远都不是超市里的生鲜食品，会因为过期而贬值。以低人一等的姿态出现在别人面前，别人当然也不会珍惜你，只会把你当成打折处理的便宜货。

我总觉得结婚的冲动，就是寻找刺激，赌上自己的下半生。

为什么要结婚？结婚后你的生活质量会不会下降？结婚后你的成长会不会放缓甚至停止？结婚后你的兴趣志向会不会受到抑制？结婚后你所谓的另一半灵魂，会不会和你互相扶持正向促进？

活到家里人所谓的一把年纪，谁都不是没有过爱情。谁不曾青涩过，暗恋一个人，只是单纯的喜欢；谁不曾疯狂过，就像被洗脑一样几年里好像真的一样"爱"着一个人；当然也一定还有一个对你很好很好的人，却不是合适的人。

"合适的人"是一个很难形容的词汇，每个人都有一套衡量标准，你要达到七大姑八大姨的标准，你要比对周围朋友现状的标准，你要考虑自己内心的标准。总是在慢慢慢慢地接近那些个标准，可是，世界上，哪有那么多标准的事情。

生活是赌博，可能现在很辛苦，以后会轻松；可能现在很容易，有一天跌落悬崖。但是，为了走捷径，总有人会蒙蔽自己的双眼，靠感觉。

以前会觉得周围那种挑别人条件的女孩太现实，现在，我何尝不是拿着条件衡量着自己还能走多远，还能不能为自己创造更好的条件？一个女孩楚楚可怜，至少会有人想要怜惜，一个男人一无所有，总不至于会有人说，看你这么可怜，我来当你的女朋友吧。

曾经我以为，爱情是恒久的喜欢，对的人可以源源不断地浪漫。

生活可能不是甜言蜜语玫瑰花，可能是吵架油盐酱醋茶，只有开始拿起了不会太累的"合适"，才会让以后的日子不那么辛苦。

两个人只有价值观契合才能沟通顺畅，只有互相欣赏才能彼此尊重和忠诚，无障碍的沟通和深厚的感情，是好的婚姻需要具备的。

[4]

这已经不再是一个整齐划一的时代，每个人信奉的价值都有所不同。在我们身边，存在着太多父辈看来不能想象的事情：独身男女、跨国恋情、不婚情侣、行游世界的人、追寻梦想的人。

这些人都无一例外地坚持自己的信仰，同时也尊重并理解他人的不同，并因为对理想的坚持而站在一起。一个尊重个人选择自己生活方式的社会，才是繁荣美好的。

想这些的时候，我正在和一个朋友聊天。

她说，喜欢一个人，可能还要为了他改变自己，我讨厌改变，我就这样，你要喜欢就喜欢，不喜欢就拉倒。孤独总比欺骗和背叛带来的伤害更让我有安全感，因为我觉得，感情的伤害才会让我需要肩膀，但是爱情只会锦上添花，不会雪中送炭。

她说，我就想读个研，考个博，回头去丹麦做博士后，可能就移民去丹麦了，我喜欢丹麦的饼干。女生只要放得下自己的小感情小忧伤，也一定可以成就一番大事业。

聊过之后，就着和家人才吵完架的热乎劲，我寻思良久。

我相信这个世界有幸福的婚姻存在，相信会有我愿意努力维系的感情，相信会有一个与我互相欣赏的人，我也从未放弃寻找。

我相信有一个长久的关系，能够包容彼此都珍视的个性，为了这样的感情双方都愿意在底线之上妥协和付出，用心经营。但是如果一时找不到，我也不会强求，并希望自己还是自己。

毕竟，人一生所能真正拥有的，不是任何物质和外在，而是对自己的信念，是知道自己要什么、不要什么，是有所坚持。

人生苦短，我只是想换一种不一样的活法。

你之所以烦恼是因为你嘴太碎了

[1]

我作为家族里学历最高的孩子，毕业后却一直混得不怎么好，收入一直在贫困线水准。邻里聚会每当谈到收入问题的时候，总是我最难受的时刻。

去年换了一个不错的工作，待遇水平有了大幅地飞升，爸妈知道后都挺高兴。过年回家后，终于有人问起这个一年一度的问题，我的话刚说到嘴边，爸爸就接了一句："还和往常一样，也就刚够糊口。只是稳定，书读多了也没什么用。众亲戚说，稳定就不错了。"

我当时十分不理解，平时那么好面子的爸爸，终于到了可以扬眉吐气的时候，为什么突然变得那么低调。

过了很久我懂得了爸爸的深意，才发现他不愧是老江湖，很多问题上看得比我要透彻。

这个世界上，除了少数几个最亲近的人，比如家人，比如最好的朋友，大多数的人来了解你的近况，他们也只是问问而已，可能并不是真正希望你过得好，过得幸福。甚至来说，他们可能只是想要确认一下，确认你是不是还过得不如意，如果是，确认你没有威胁，那么他们就放心了。

如果你告诉他们你过得还不错，你要么走向了他的对立面，要么就成为了他的借钱对象。无论是哪个结果，对你都没有好处。

爸爸很高明，选择了隐藏自己，别人听了开心，自己也不会活成一个靶子。

[2]

有一次，和一个朋友在一起玩，她掏出手机把她朋友圈的一个女生和男友发的自拍照指给我看，说："前天我还听说她被男友打了，据说她给这男的戴了绿帽子，还装出一副傻白甜的样子，真是恶心。"说完她点开了评论窗口。

我以为她要戳穿真相，马上就要看到一场大戏了。没想到她回复的是：亲爱的，一定要幸福哦，么么哒。

除了亲近的人，很多人表面上在祝福你，其实可能比谁都希望看到你跌倒的样子。他们的心理就像我们看喜剧片一样，主角捅的娄子越大、出的糗越丢人，我们就觉得越开心。

进化了这么多年，很多人骨子里还保留着一套丛林法则。他们总会留一个心眼和身边的人比较，同水平出发，一旦别人超过自己，就会觉得不舒服，有危机感，难受。

看到你跑在他前面，有的可能会奋起直追；有的则会提起腿，对着你的屁股就是一脚，或者悄悄地伸长腿，放在你前面，给你使个绊子，心里想谁叫你这么得瑟。

[3]

我的朋友冬冬毕业后一直混得不错，进了一家好公司，老板很赏识他。工作一年多，顶头上司泄露公司机密，被辞退，他就顺利上位了。去年房地产市场大热，他更是赚得盆满钵满，简直是同学中少有的人生赢家。

可是在同学朋友面前，他却总是一副苦大仇深的样子。

朋友圈里经常发一些加班到深夜的照片，还配上"方便面买了但是还来不及吃"的文字，一副"加班狗"的形象；

月初信用卡帐单一到，就PO出去，哀叹说，又要砸锅卖铁还债了。

虽然只是偶尔发一下状态，但苦逼的印象已经建立。周围的朋友都喜欢找他聊天，生活中遇到什么烦心事跟他聊一聊，总能发现他比自己还惨，于是心情就好多了。所以虽然他哭惨，但是人缘奇好。

而我是少有知道他真实现状的人，每次看到他，我都笑他太假了，至于演得这么凄苦吗？然后他就反问我，那你知道小林吗？

我说知道啊，挺好的一个孩子，不知为啥，怎么说做微商就做微商了。

冬冬笑着说，我和她曾经是同桌，可是她没卖过我一张面膜，你和她都没同过班吧，据我所知，你已经从她那买了好几百张啦。平时我给她一个过得不好的印象，她也没好意思过来找我推销。所以说，有时候还是低调点好，起码无关紧要的事情不会找上你。

冬冬继续说，当然我也不是说硬要当个守财奴，朋友有难该帮的还是要帮。比如前不久大学的老班长买房，需要凑首付，我就支援了一些。他知道我过得并不好，开始硬是不好意思要。后来拿了后感动得不得了，觉得我才是真哥们。据说班里的大头也一样借了他十万，大家都知道大头收入不错。他支援一点大家觉得理所应当，并不觉得有多情深意重。相反，要是他没有任何动作，估计背后都有人说他了。

看到了吧，你显摆，虽然不会遭雷劈，但你说出多大的话，就要承担多大的义务，你可以说，我混得好，关别人什么事。但别人不这么认为，他们只会觉得你小气，觉得你是土豪，就得分田地。

冬冬是个聪明人，充分领悟了"闷声发大财"的精髓，绝不去图一时的面子。用他的话说：

"面子有什么用，逞一时口舌之快，往后将是无尽的烦恼。一旦你在圈子里拔尖，别人要么想着绊倒你，要么想着分享你的果实。这个世界，压根就没有多少人希望你过得比他们好。"

当然，如果你远远超过常人，像马云一样，旁人嫉妒就会换成崇拜，而且也完全不怕别人的掣肘，就没有这么多烦恼。

可是，又有几个人做得了马云呢。所以，我们还是嘴巴老实点好。

人生很短，
学会爱自己

爱自己最重要的是你要学会尊重自己的内心。按照自己的心意而活，倾听自己的心声，不要因为他人的目光，挑剔自己，为难自己，委屈自己。取悦自己放在取悦他人之前，不要为了取悦他人做使自己特别痛苦的事情。著名的英国才子王尔德曾经说过"爱自己是一场终生恋情的开始。"国际芳香疗法治疗师学会大中华区首席代表金韵蓉老师写过一本书叫作《先斟满自己的杯子》，她在书中说："不要再等待别人来斟满自己的杯子，也不要一味地无私奉献。如果我们能先将自己面前的杯子斟满，心满意足地快乐了，自然就能将满溢的福杯分享给周围的人，也能快乐地接受别人的给予。"

为什么要爱自己？因为你很重要，你就是你能拥有的全部。你存在，才会感到整个世界存在。你看得到阳光，才会感到整个世界看得到阳光。你失去平衡，才会感觉整个世界失去平衡。你消失，世界也随之消失了。你就是自己的一切，所以你很重要。

诺艾尔·科沃德说："我对这个世界相对而言无足轻重；另一方面，我对我自己却是举足轻重。我唯一必须一起工作、一起玩乐、一起受苦和一起享受的人就是我自己。我谨慎以对的不是他人的眼光，而是我自己的眼光。"

只有我们自己才能终身与我们做伴，自己对我们而言很重要，所以我们更要爱自己，爱自己对已而言是非常重要的事情。想要终身被他人爱既是不易的事情，也需要难得的好运，这并不是依靠自己的努力就能获得的，但是终身爱自己是可以通过学习和努力实现的。女人要和自己谈一场终身的恋爱。只有爱自己，你才能使得自己获得快乐；也只有爱自己，你才能让我们身边的人快乐。爱自己，不是人人天生就会的，而是终身要学的课程。

台湾麻辣主持人小S写了一本书《小S之怀孕日记》，里面有一篇文发表在某一本心理杂志上叫作《悦己才能悦人》，里面讲了她新婚不久，为了取悦老公，在厨房做咖喱饭给老公吃的小故事。她之前已经向姐姐请教过，也在脑子里反复演练咖喱饭的做法，结果发现没米，切洋葱时又被辣得泪水直流，咖喱块还落在车后座上，而车被助理借去，于是沮丧得放声大哭。最后，他们去餐馆吃了一顿咖喱饭。她问自己："我干吗要拿不擅长的事和自己过不去呢？"此后，她不做饭了，而是请厨师代劳，而她则把自己打扮得漂漂亮亮的，陪老公吃饭，这样对他们俩来说都比较轻松。

也许有人会说她自私，但是事实上这并不是自私，而是知道如何去取悦自己，爱自己。试想一下，如果她不会做饭也不爱做饭却为了取悦丈夫逼迫自己努力做个会做饭的太太，不是会让自己感到疲惫、委屈、痛苦吗？也许还会进一步埋怨丈夫呢！面对这样一个愁眉苦脸、委曲求全的怨妇，丈夫也是开心不起来。

她说："当你真的让自己过得开心之后就会发现：你的亲人和家庭，你周围的世界，并没有因为你的'自私'而变得糟糕。相反，正因为你活好了自己，他们也分享了你的快乐、幸福和成功；你所能给予家人和这个世界的，反而会更多。"

她生了两个孩子之后，并没有为了孩子放弃自己热爱的事业，而是做到在爱孩子的同时，也爱自己，我觉得这是懂得平衡生活，极富生活智慧的做法。

她还说："小时候，我很喜欢探讨人生意义，但是现在，在人生里面待了很久之后，我发现它的意义就在于好好爱自己，爱该爱的人，做一个对得起自己的人。"

做一个对得起自己的人就是做一个爱自己的人。爱自己的女人，别人才会爱你。爱自己不是自私，不是自负，而是遵照自己的内心而活。爱自己也不是为所欲为，盲目自大，不守规则，相反的是去尊重他人，包容他人，因为尊重、包容他人也是在尊重、包容自己，你会因为爱自己，而更注重自己与别人建立起来的良好关系。

爱自己首先要爱惜自己的身体，重视、珍惜、照顾好自己的身体。你要按时吃饭，要记得吃早餐，长期不吃早餐对身体的伤害很大，容易造成反应迟钝和各种胃病。你还可以学习煲汤、做饭、照顾、滋养好自己胃。你要积极锻炼自己的身体，会一两样运动：跑步、打球、游泳、跳舞……保持身体的健康。

你保持好自己的身材，不要暴饮暴食，造成过度肥胖。你要呵护自己每一寸肌肤，懂得保养自己，给自己用好的化妆品，懂得打扮自己，让自己变得漂亮。你要注意休息，建立规律健康的作息时间表，不要因为工作而过度劳累，也不要因为沉迷网络或者电视剧而熬夜伤身。更不要因为失去某个男人的爱而伤害自己的身体，那样做不仅不爱自己，还很愚蠢。要避免让自己受到外界的伤害，远离那些会伤害自己的人和事。

爱自己要学会独立，学会承担，学会对自己负责。你要有一定的经济收入和工作能力，能够养得活自己，你要好好工作，为自己存点钱，无论这钱是用来孝顺父母，让自己学习深造，去长途旅行，还是用来经营将来或者现在的家庭，都是很好的。

你最好有自己的朋友圈和几个要好的朋友，使自己的生活愉悦、充实。有的人会说，女人要柔弱，不要太能干，要会依赖，才有人爱，你不要被这样的观念所绑架，你要走出柔弱，告别自卑，摆脱依赖，自立自强自信。除了经济独立，你还要有自己独立的思想，能够独自对人对事做出判断，能够自己做很多决定，拿主意，不要一遇到事情就四处问别人的主意，也不要人云亦云，更不要被其他无关紧要人的想法左右。

你可以多读书，多去经历和尝试，努力让自己的心智成熟、思想独立。面对生活中的苦难和不幸，你首先要自己学会承担，因为靠谁都不如靠自己，自己是自己最好的靠山，不管贫穷、困顿、疾病、失恋、压力大、坏情绪，任何时候都不会背弃你的只有你自己。在人生路上，面对苦难，如果有人能够帮你分担固然是好，你对他要心怀感激，即使没有也不要气馁，要鼓励自己，积极努力地将自己带出困境。学会对自己负责，自己去做决定，自己选择朋友和人生伴侣，自己选择要走的人生道路，无论有怎样的结果，你都要对自己负责，不要怨天尤人。其实每个人都必须对自己负责，也只需要对自己负责，因为你才是自己生活的主人翁和创造者。

爱自己你要稳定自己的情绪，多一点阳光灿烂，少一点凄风苦雨。保持乐观、积极的心态，遇到困难不要害怕和逃避，保持稳定向上的情绪，相信"总有一天会好起来"，相信"困难总能克服的，未来是美好的"。即便失恋了，遭到爱人背叛了，也不能过度沉溺悲伤、消极、沮丧、绝望的情绪中，要管理自己的伤痛，给自己设定一个难过的期限，过期就要好起来。

爱自己你要懂得过有节制的生活。过度地沉迷于一件事，孤注一掷地去爱一个人是危险的。如果一个人不爱你，选择转身离去，而你还深爱着对方，你要克制自己的情感，尊重他人的意愿，不要纠缠不清，不要撒泼胡闹。在情感上有节制，既是爱自己也是爱他人的表现。不要放纵自己，让自己的坏习惯、坏情绪持续下去，不要因为寂寞而沉迷烟酒，纵情性欲，这对自己没有好处，只会让心灵更加空虚。

你是否有这样的经历：因为不好意思拒绝他人的请求，而做违背自己本心的事情，结果搞得自己痛苦不堪，怨气冲天？面对他人的要求，如果自己做不到也特别不愿意去做，要学会适时适当地拒绝。虽然这在刚开始的时候并不容易做到，但是只要多加练习，你一定可以做到。学会拒绝他人是真心实意爱着自己的表现，不必为他人委曲求全，你要全然遵从自己的内心而活，因为别人的眼睛只看得到你的外表，而只有你才能看到自己的内心。

学会爱自己，不是让我们过度宠爱自己，不是自我姑息，自我放纵，而是要我们学会自省、自律，通过不断学习，修行和矫正自己的行为和心智，成长为自己心中喜欢的样子，像一株亭亭玉立的美好莲花，不忧亦不惧。

所谓"杯满自溢"，只有爱自己的人才有能力去爱别人。世上有一种女人嫁给谁都幸福，因为她爱自己，她拥有强大的内心，她也懂得去爱别人，懂得创造自己的幸福，懂得幸福是自己给出来和创造出来的，而不是向他人伸手索取而来的。这个世界上没有任何人会比你更爱你自己了，因此女人千万不能等待别人来创造自己的幸福。

如果你现在是单身，那么就从现在开始先和自己谈恋爱吧！学习爱自己吧，爱自己是一场终生恋情的开始！

别问事情结果如何，努力就可以了

妈妈喜欢花，特别喜欢。而且那些本来平平常常的花儿，在母亲的手下也会一下变得多姿多彩。看到一种特别的花儿，妈妈会和孩子一样惊喜。并且要想方设法地弄到手。我常常笑妈妈的痴。

我总觉得妈妈爱花甚于爱我，所以我不喜欢花，一点也不喜欢，妈妈为此大为不解。在她眼里，那花是会说话的，是有感情的，一年四季，她都离不开她的小花园。

我不喜欢，也不知道什么季节开什么花，只在每年春天第一朵花开放的时候，我才被妈妈强行拉到花前，行一个注目礼。

今年的春天，妈妈又对着那些干枯的花盆浇水，施肥。我突发奇想，给妈妈买了几盆特别名贵的花，把她那些干枯的花盆，统统放到角落里。

过了几天，我却发现，妈妈的那些花儿，又回到了原来的位置，而我买的那几盆名贵的花，却不见了。我正在疑惑，妈妈叫我了：

"你的花在这儿呢，那么名贵的花儿，放在院子里会冻死的！"

"妈妈，那些花儿是买了给你的，你别老说是我的花。"

"我还以为你也喜欢花儿了呢！"

"我什么时候说我喜欢花儿了？你那些干枯的花盆里，能长出什么来？到现在了连草芽都没有。"

妈妈并不分辩什么，只是笑。又过了几天，妈妈很神秘地笑着，要我去看一样东西。那神情就像她老人家得到了什么宝贝。

妈妈拉着我到了她的花盆前,原来她的那些花儿长出来了,深红色的花芽挤挤压压地长在一起,像一群可爱的孩子,引逗着你的目光。

"每一粒种子都值得期待!每一粒种子都能开出鲜艳的花,但这需要一点时间。"

我看看妈妈,笑了:"妈妈,你什么时候成了哲学家了?"

后来,我也受妈妈影响,渐渐喜欢起花来。

有一次一个朋友从南方带来几颗花籽,花籽像一块小小的鹅卵石,棕色的籽皮油润光亮,朋友告诉我说,这花籽虽然好看,但在北方是种不活的,给我只是让我赏玩。

妈妈看到了,要我把它们埋到花盆里。我才不呢,朋友明明告诉我说种不活,我何苦费那心思?

后来,我玩腻了,把花籽随手扔到饭桌上。妈妈宝贝似地拿去,认认真真地埋到花盆里。

"妈妈,朋友都说了,这花在北方是种不活的。"

"活不活说了不算,是种子都想发芽开花,种到土里再说。"

对于母亲的痴,我无话可说。

那花籽连一个芽也没有,我觉得妈妈一定很失望。故意看着妈妈的花盆问她:

"妈妈,你种的花儿呢?发芽没有?"

谁知道妈妈一点也不伤感,依然兴奋地说:

"现在还没有,它发芽不发芽的有什么,重要的是我每天都期待着它发芽,生活是需要期待的,不然人活得就没有意思了。期待的过程就是一个幸福的过程。"

我没有说话，悄悄离开母亲的小花园，是啊，我们都长大了，离开了家，回来的日子当然很少，一直是这些花儿陪伴着我的母亲！虽然是每一粒种子都值得期待，但花开花落依然会给人带来许多忧伤。可我每次回家，妈妈总是把手指向那些盛开的花儿！

　　期待的过程就是一个幸福的过程！别问事情结果如何，努力就可以了！

[活得简单也是一种难得的能力]

人这一辈子难免陷入苦闷和忧愁之中,有时候因为时运不济,这无可奈何。有时候却是因为想太多,自己给自己施压。

其实人生不必太复杂,一件事情摆在面前,不要过分猜测。能走直线何必绕弯路,简简单单才是生活的本质。

想念一个人了,就给他打个电话。听听他的声音,告诉他,上一秒钟我很想你。聊聊互相的近况,排遣内心的孤独。

不要总担心打扰到别人的生活,说不定,他也在远方想念你。而你的声音,可能就成了他的解药。

想见面,就约他。不要扭扭捏捏,心潮起伏,手机拿起又放下,最后还把自己责怪一通。问他有没有时间,有没有心情。

去看个电影吧,去吃个饭吧,去一起散步吧。被婉拒了也不用后悔,至少扑通扑通的心不用像石头一样悬着,终于找到了答案。

想被理解,就去找他解释吧。不同的人有不同的思维方式,别人仅凭三言两语很难揣测出你到底在想些什么。两个人产生误会在所难免。

不如就直截了当地告诉他,你在想些什么。可能他也恍然大悟,哈哈一笑,两人都放松。

有疑惑,就去问吧。问题埋在心里默默发芽,最后就会生出根瘤。女人有时候总把事情往坏的方面去想,其实可能一切都没有那么糟。

问他为什么不说话，可能是工作压力大，可能是心里紧张，可能是找不到话题。并不是因为讨厌你。

讨厌什么，就去说吧。我不喜欢你总和那么多人在一起，我不喜欢你花钱大手大脚，我不喜欢你邋里邋遢，衣物到处乱扔。

忍耐是一个人良好的品格，但不说出口，问题永远不会得到解决。看到你的诚恳，你的认真，他会变成一个更有担当的人，更能照顾你的感受。

喜欢什么，就去买吧。别总想着省钱买便宜的，别总想着等到打折的时候再出手，别总想着可有可无的话就算了吧。

人这一辈子，无时无刻不在努力。适度的享受也是对自己的奖励。对真心喜欢的事物出手吧，谁知道下次路过还有没有呢？

饿了，就吃吧，困了，就睡吧。

两个人相守需要心心相印，需要情感上的相互支撑，而不仅仅是外表和身材的美丽。

在这个世界上，闪光的永远是那些勇于打破规则的人。

人生并不复杂，但活得简简单单也是一种难得的能力。轻松的生活需要简洁的思维方式，试试上面这些方法吧。

别把你的人生弄巧成拙了

船要到海中去试航，人要到社会中来磨炼。只有认清自己，才能把握好人生的方向。把握住自己，才不会迷失，不会忘记梦想，永远为将而努力来打拼着。只要锁定前进的方向，永不放弃，梦想的实现是迟早的事。

做人、处世首先要了解自己，如果你不知道自己想做什么、能做什么，那么，大千世界，哪里才是你的归宿？不了解自己的人，不仅找不准努力的方向，而且坚持的原则也不一定对。

放眼世界，总有一些人因为好高骛远或者自卑而毁了自己的美好前程。如果不去了解自己，那么面对种种情况和现状，你应该如何应对？

有一位声望十分显赫的武术大师，他隐居于山林当中。但只要知道他下落的人，无论路途有多遥远，都会不辞辛苦地将自己的孩子送到他的门下，向他拜师学艺。因为他教导有方，在他的指导下，每个弟子都能取得了相当出色的成绩。

有一天，一对夫妇带着孩子去深山找他，看见他正在检查弟子们挑水的分量。他们惊奇地发现，每个弟子的水桶都没有装满，而且参差不齐，有的多，有的少。可大师看了却不住地点头，并称赞他们。

这对夫妇很迷惑地问大师："大师，这是什么道理呀？他们的水桶都没有装满，你还称赞他们，这不是在纵容他们吗？这样怎么能教育好弟子呢？"大师说："挑水之道并不在于多，而在于挑出能力。一味贪多，只会适得其反。"

这对夫妇更加迷惑了。于是，大师从众弟子中挑出一人，让他挑两个装满水的水桶。那个人挑得非常吃力，刚走几步就跌倒在地，把桶里的水全部洒了出来，并且膝盖还受了伤。

大师说："你们看水全部洒了出来，他还要重新去挑。他现在膝盖受了伤，走路更艰难。你们认为是这样好，还是让他量力而行比较好呢？我是想通过这件事情告诉弟子们一个做人的道理：不管做任何事情都要量力而行，只有在自己能力范围内做事，才能将力量发挥到极限。"

夫妇俩恍然大悟，立刻让自己的爱子跪在地上向大师磕头，并恳请大师收下自己的儿子，教育他成材。

故事中的大师让他的弟子们量力而行，让他们按照自己的能力去做事，从而最大限度地发挥他们的潜能，这样，弟子们明白了自己能承担多少责任，就会尽其所能，把事情做得更好。

所以，从现在开始，知道自己到底有"几斤重"，知道自己想做什么、能做什么，然后根据自己的能力去做事，才会取得骄人的成绩。

在现实生活中，我们常会遇到这样一部分人，他们急于求成，也太过于自负。于是，在找工作时，他们根本没有衡量一下自己有"几斤重"，就要求进入大企业，承担超过自己能力的工作。结果可想而知，任务还未完成，老板就不得不将他们解雇。所以说，了解自己，寻找适当的机会表现自己才是最明智的选择，这样可以使你少走许多弯路。

人要清楚地了解自己的能力，只有做自己力所能及的事，才能充分地发挥自身的才华，才能受到上司及他人的重视与认可。否则，就会弄巧成拙，徒劳无功。

最好的温柔来自内心的坚强

我一直以为,温柔这件事,并不是软言哝语,它和性别的差异、音量的大小或姿态的高低都没有关系。

[1]

我认识一个男生,他和他女朋友交往的时候很有意思,两个人一起出去吃饭,女朋友要吃湘菜,他想吃粤菜,他女朋友稍微坚持了一下,他就说好,那就吃湘菜。可这样一来,他女朋友又开始不高兴,数落他:"你这个人怎么这么没主见?别人说个三两句你就放弃立场。"

我这朋友哭笑不得:"我不是没主见,我的主见就是吃粤菜啊,可是如果我真的像你说的坚持立场,我们这会儿就得站在这里对中午吃什么展开激辩,又浪费时间又浪费感情,即使最后我赢了,我们吃了粤菜,我又赢了什么呢?只是毁了我们约会的好心情而已。"

大概恋爱中的女生都比较作吧,他女朋友又不依不饶地追问道:"所以说,你是在迁就我咯?或者说在忍受我?"

他耐心地解释:"我不是在迁就或忍受你,我只是真的不觉得吃粤菜还是吃湘菜这件事有多重要,我想吃粤菜,但吃湘菜也能接受啊,如果今天我不能吃辣,一吃辣就会全身过敏,但你还是坚持要吃湘菜,而我最后也同意了,这才叫迁就和忍受。如果我们的关系需要靠这样的迁就和忍受来维持，那我觉得它是不健康的，但现在并不是。"

我这个朋友其实长得还蛮粗犷的，所以当我听说这个小插曲的时候，真是对他刮目相看，我长久地寻找合适的形容词，最后还是觉得"温柔"是最合适的，这种温柔不是外表的阴柔，也不是处事的细腻，它更多的是一种对自我的合理缩放，只要你不是膨胀，我愿意屈一屈腰，弓一弓背，让你去赢，让你感觉良好，我不介意在这些小事上被主导，也不觉得会因此失去自尊，因为我把我们关系的良性发展放在了第一位。

这是我所认为的真正的温柔。

[2]

我刚进公司的时候，发现办公室里有一件很奇特的事，好像大家都有意无意地冷落一位姓江的同事，只要他一进办公室，原本热闹无比的谈话就会立刻戛然而止；大家讨论团建去哪里玩，要是他提出一个什么建议，其他人马上鸦雀无声；他在工作群里问一个什么问题，其他人就当没看见一样照常刷其他内容……

很快我也明白了其中的缘由，这位同事为人处世确实招人讨厌，既爱表现又爱拿着鸡毛当令箭，常常越级去和大领导说些有的没的，大家背地里都叫他"江说说"，偏偏大领导又特别吃他那一套，因此整个部门被他折腾得乌烟瘴气，大家碍于领导的面子都敢怒不敢言，只好联合起来对他实施"冷暴力"。

所有人里面，只有小宇会搭理他，最常见的就是中午休息时间，"江说说"总会在办公室里吆喝"有谁要一起下去吃饭吗"，所有人都听而不闻，一个个不是假装忙工作就是低头玩手机，空气里静悄悄的，无人理睬的尴尬气氛疯狂蔓延。每当这时候，小宇似乎是看不下去似的，总会跳出来对"江说说"说一句"我带饭了，不下去了"或者"现在电梯人多，我晚点再下去"。得到回应的江说说好像一下子找到台阶似的，每每如释重负地接一句"好的，那下次一起吧"，然后走出办公室。

对于小宇的做法，大家虽然也没说什么，但总隐隐有一种被背弃的感觉。

后来有一次，我问小宇"江说说"给我们招了那么多乱七八糟的烂事，你为什么还要那么做。小宇的回答出乎意料的简单："我这个人，就是受不了看别人尴尬，每次大家对"江说说"毫无回应，他一个人在那儿自说自话的时候，我都觉得既可怜又不忍心，心里就想，那就搭一句话好了，就把他从尴尬里解救出来好了，虽然跟他那样的狐狸靠近，有时候会惹来一身骚，但下次遇到这种情况，还是会很'多嘴'地回一句。可能我这种性格就是人们常说的成全他人，恶心自己吧。"

对于小宇的行为，我一度用"人好"或"善解人意"来形容，随着年纪的增长，我越发觉得所谓的"受不了看别人尴尬"是一种很难得的情怀，对于这世上林林总总的人和事，以这样一个出发点去对待的话，人会变得无比柔和，而不是只有尖锐和对立。

这是我所认为的真正的温柔。

[3]

我最好的朋友Ven是我的大学室友，她就是人们所说的传统意义上的"温柔女生"，举止温文尔雅，讲话声音轻轻小小的，又因为家在闽南的关系，语调里带着软糯又好听的台湾腔，我认识她这么多年，从来没有听她讲过一句脏话,"我超生气的"就算是她说的最严重、最带情绪的话了。

我也会拿"温柔"形容她,但我说的"温柔"并不是上述的这些外表和言谈,对我来说,她的温柔在于不动声色为他人着想的品性。

毕业那年,我边做毕业论文边全国各地跑着找工作,工作找得不甚顺畅,论文也写得满是瓶颈,临近截稿时间,我的论文还没有修缮完毕,人又在外地,只好紧赶慢赶在截稿前写完,把电子版发给已经保研的Ven,让她帮我打印出来代交给导师。发给Ven的时候,我的内心非常忐忑,因为时间匆忙,论文的许多细节还没来得及修改,最麻烦的注释部分也是乱七八糟,我沮丧地认为论文肯定要完蛋。

等我从外地回到学校,再看到导师给我批注的论文的时候,吓了一大跳,因为它和我交的那个版本相比简直"面目全非",论文的格式、间距、字体、章节、大标题、小标题这些细节全部被调整过,最凌乱的注释部分也统一成了最正规的格式……我这才知道,我把电子版发给Ven之后,她没有简单粗暴地打印出来交掉了事,而是细心地帮我把细节完善了一遍。

而这些事情,我在我自己发现之前,她根本提都没有提。再问她的时候,她也只是轻描淡写地说:"我看到就顺手改了,你找工作压力那么大,这些小事我能帮你处理就帮你处理啦。"

虽然她坚持说这是小事,但我当时简直感动到想大哭,试想如果论文因为格式被导师打回来重做,那时候已经因为工作精神紧绷的我一定会崩溃,Ven比任何人都理解我的处境,她那样悄无声息和设身处地替我着想着,在流弹打到我之前就已经帮我架起了护墙。

这是我所认为的真正的温柔。

[4]

在这个年代，人们好像害怕被冠以"温柔"的标签，男生担心被说娘，女生觉得它不如"女汉子"来得真实和接地气，人们拒绝它，还因为温柔常常和无趣联系到一起。

可是，真正的温柔从来都不像人们理解的那样表面啊，它不是脸谱化的温顺，也不是单纯的娇柔，它是"我"对"我们"的屈就，是无法直视他人尴尬的悲悯，也是默默替别人考虑的贴心，更重要的是，所有的温柔，大抵都出自某种深情，无论是对对方，还是对这个世界。

愿你温柔而有力量。

因为你，我成了更好的自己

在这个世界上，总能找到跟你很像的人，不是长相和名字相似，而是性格和爱好相似。Ta仿佛是另一个你，吸引着你靠近，就像你的双生灵魂。你一旦遇见Ta，如果恰好Ta是一个散发着光芒的优秀的人，你会渴望成为Ta那样的人。Ta带给你的榜样力量会帮助你成为更好的自己。

对我来说，叶萱就是世界上的另一个我。

我和叶萱因文字结缘。那是2001年某个阳光明媚的春日下午，我在学校图书馆翻阅一本叫作《年轻人》的杂志，叶萱的文字就这样不经意地跃入我的眼中，我也因此记住了她的名字。后来发现《青年文摘》等杂志上也刊有她的作品，几乎每篇文章都能打动我。忽然有个念头闪进脑海：如果能认识她，该有多好！

于是，我辗转在网上找到她的电子邮箱，发去邮件，告诉她，我喜欢她笔下温情动人的故事，希望有机会认识她。

她写的字很好看，清秀隽永，文笔又好，阅读她的来信是一种享受。

渐渐地，我知道她是山东艺术学院的学生，包揽了入校以来的全部一等奖学金，担任系学生会的学习部长。她在省广播电台做兼职DJ，她是省大学生辩论赛的优秀辩手，也是系里大大小小各类晚会的主持人。

她仅仅比我大一岁，却生活得如此丰富多彩，头顶无数光环，那时，她在我眼中就是女神一般的存在。

我原本以为写作的人就应该孤单，就应该带点淡淡的忧伤，就应该与这个世界保持一定的距离。但是叶萱写作的同时，还能参与那么多社交，非但没影响她文字的魅力，反倒为她的文字增添了生活的底蕴。

我把对她的崇拜写在信中，结果她写信告诉我：不要羡慕我，我也曾经自卑过。

她说起自己的高中时代，成绩不够好，长得也不够美丽，喜欢写文章，但并不确定写作这件事能把自己带进大学。如果不是阴差阳错获得报考艺术学院的机会，她并不知道这世界上会有属于自己的舞台。大学里她也不完美，她英语四级考了好多次，在电台兼职做主持也曾紧张到满身冷汗——这世界这么大，她说自己不会、不懂的事情还太多，只有再努力一点地学习、阅读，才能在不断变化的生活中提升自己。

通过这封信，我能感受到她的坦诚直率，也很欣赏她谦虚好学的态度。

她已经如此优秀了，却还这么努力，我又有什么理由不努力呢？

有一次我们在信中谈及梦想，我说渴望未来能从事文字相关的工作，做一名编辑或是作家。她说：我想做一名大学老师。我略感惊讶，可仔细一想，觉得也没什么不对，作家张曼娟就是在大学里执教。而且大学老师还有寒暑假，有足够的时间写作、旅行。

她这样描述她的梦想：我很喜欢大学老师这个职业，我可以站在讲台上告诉我的学生什么是艺术，可以有时间写我喜欢的小说，甚至有可能会去做一名兼职DJ。我希望有一天，我有一群在毕业后仍留恋我的课的学生，有一群喜欢艺术的听众，然后，有那么一群读者，他们在某本杂志上看到我的文章，会感到快乐。

彼时，我们刚二十出头，正值青春。我们通过书信交换彼此的梦想，这件事至今回想起来都倍觉美好。

文字让我们相识，性格相投却让我们的心灵贴得更近。

2004年8月，因为一次笔会的缘故，我和叶萱相聚北京。那天的叶萱穿一身白色职业套装，干练知性，笑容亲和——那是我们第一次见面，但却好像是多年未见的同窗好友，骤然相逢，真心欢喜。

我站在人群外看着众星捧月般的叶萱，由衷地为我拥有这么优秀的朋友感到自豪。

因了这次发言，叶萱获得了出版自己两本短篇小说集的机会，从此走进出版圈。于是我知道了：机会总是垂青有准备的人。就像叶萱读大学期间参加辩论赛、做主持人练就了好口才，而好口才引起了出版社编辑的关注，于是本来内容就比较过硬的作品才有了展示在专业编辑面前的契机。

叶萱顺利出书后还把我引荐给编辑，这算是有福同享吧。

为了能当一名大学老师，叶萱读完本科，考入母校继续读研。

她读研究生的时候，我已经大学毕业来北京工作了。我真的从事了文字相关的工作，从营销企划做起，渐渐成了一名图书编辑。

叶萱是个从来都不会让自己闲着的人，她一边读研，一边给杂志写专栏，一边给几家出版社写稿，还一边给本科生做班主任。她的研究生生活就和本科生活一样，忙碌而充实。但她不是一个工作狂，她热爱生活，也善待自己——研二那年，她竟然去相亲，在那里遇见了她后来称之为"呆哥"的先生，竟然没毕业就义无反顾地结婚了！

我目瞪口呆。而她刚好到北京看画展，约我一起吃饭。席间，她讲起自己的相亲故事，讲起他们住着的"团结户"——他们不富有，和另一户人家一起在有老鼠出没的顶楼两居室里"同居"，可她从没觉得委屈或不甘。谈笑间，她讲起的都是生活中的趣事。简朴的生活本身就成为一段段生动的故事，不再饱含风霜，反倒因为简单而越发美好。

那大约是我第一次感受到"乐观"的力量，我甚至想，这样乐观而积极的人，一定会有更好的未来吧？

果然，几年后，那些或苦或甜的生活被她记录下来，成就了一本小说，叫《纸婚》。而我，就是这本小说的策划人——从头到尾，在一片不看好的声音里，她坚持写，我坚持编，我们都相信文字就是我们对这世界最大的诚意，哪怕此时畅销书市场正在流行"玄幻""穿越"，但离开想象的环境，我们终要归于现实生活。

那并不是一段一帆风顺的写作路——写这本书的时候，她刚考到省直机关做公务员，还在试用期，工作很繁忙。但她下班后就争分夺秒地写，竟然步步推进，从不拖稿！作为图书编辑，我简直太爱她这种按时交稿的作者了！而且，因为她是研究出版产业的艺术学研究生，她对出版行业比较了解。有时候我工作繁忙，连选题策划表都是她帮我写的，市场卖点、内容简介她都写得有模有样。总之，当时我觉得给她这样的作者做书太省心了！好沟通，写得好，错别字少，还有独到的市场眼光，这些都不需要我操心。我要做的就是给她提点合理的写作建议，把她写的书包装得漂亮雅致，让更多读者知道并喜欢这本书。

果然，经过我们的共同努力，那年《纸婚》出版，上架三个月就售空10万册。这本饱含诚意的小说，用幽默生动的语言推心置腹地讲述婚恋相处之道，一点点地把温暖和煦的爱浸润到读者心上。因为太真实、太接地气，太多读者都愿意相信，那个幽默、活泼、聪慧、大度、独立的女主人公顾小影就是叶萱自己，而那些看似充满烟火气的生活，就是我们身边最真实的周遭。

几个月后，《纸婚》成为那年"当当网十大网友最爱读的书"，并售出影视版权。叶萱还赶在生宝宝之前出版了《纸婚2：求子记》，而这本书同样登上年度畅销榜。

一直坚持、一直没有放弃的叶萱到这时终于成功了——她成为一名真正意义上的畅销书作家，她渐渐找到自己的写作方向，她关注社会、关注现实问题，她和我都开始坚信，只要是真正扎根于生活的文字，一定有它长久的生命力！

所以，这不是一个奇迹，这是我们彼此的"日积月累"。

有的作家在出版畅销书后会自我膨胀，但是叶萱却一直保持着平和的心态，依旧谦虚好学。她从不会把视线盯在版税上，而是把精力放在如何打磨好的作品上。

每次我问她，首印版税方面你大概需要什么条件，她就会说："你看着办，我无所谓！我更在乎的是如何把作品写好。何况，加印的版税你都会结算给我，首印签多少都可以。"

我也知道不少出版商曾向她抛出橄榄枝，我也知道其他家可能给她比较优厚的首印条件，因此，我更加感动于叶萱对我的这份信任。为了她的这份信任，我也会尽自己最大的努力把她的书做到最好。

如今，叶萱在做了八年公务员之后，回到高校，成了一名大学老师。

命运多么神奇，十年前她和我交谈梦想时，说她想当一名大学老师，如今她绕了一个圈，又回到了原点。

正如她自己所说，她只觉得人生很像环形地铁，曾经简单的梦想在不断行驶中变得更加丰沛。

而且，正因为她在基层做过两年民警，在省委大院工作过六年，体验了象牙塔以外的生活，才能够让她在不断的思考中拓宽自己的视野，也让她的文字变得更加客观平实。

有一次，飘阿兮说我和叶萱的写作风格很像，都属于温暖且有力量的。后来，我想，或许是我们性格、爱好相似，又相处足够久，一起成长的缘故吧。

十四年漫长时光里，我们不仅一起分享成功的喜悦，我们更感动于低谷时彼此的陪伴。每当我们困惑时，我们都是彼此第一个能想到的倾诉对象。

我说，从过去到现在，她一直是我的偶像。她说，我也是她的偶像，她教学生的一门课程就有关出版，而我在出版方面又做得风生水起。

我们互相学习，共同成长。我们是世界上另一个自己，我们了解对方和了解自己一样多。

在这个世界上，总能找到跟你很像的人，不是长相和名字相似，而是性格和爱好相似。Ta仿佛是另一个你，吸引着你靠近，就像你的双生灵魂。你一旦遇见Ta，如果恰好Ta是一个散发着光芒的优秀的人，你会渴望成为Ta那样的人。Ta带给你的榜样力量会帮助你成为更好的自己。

而叶萱就是另一个我，感谢生活让我遇见另一个我，感谢她让我成长为更好的自己。

健康的身体是你最大的资本

[1]

参加工作的前两年,我经常会做着同一个梦。34床龙爷爷和蔼地坐在病床边,突然倒地。梦里气管插管、除颤仪、心脏按压……各种抢救场景反复交替。

当太平间的师傅拖着铁匣子伴随着哐哐的声音,我梦醒了。

龙爷爷是我参加工作接触的第一个病人,也许是家门吧,他特别喜欢我,老人家有点小孩子气,经常不肯吃饭,他的陪人就会说,"你再不吃,我就去把小龙喊过来啦",然后他就会乖乖的。

我没想到我抢救的第一个病人,会是他老人家。那天我上晚班,查房时他还笑嘻嘻地说明天要出院了,晚上十点多却突然心脏骤停,无力回天。

那是我第一次如此近距离接触生命的离去,感觉那么的无能为力。

生命真的很脆弱。

[2]

工作十多年,我在心内科待了八年,目睹过许多病人最后的时刻,见惯了生离死别越来越坦然面对生死。不知道从哪里看过一句话,人这一辈子都要排队走向火葬场,然而每当我遇上一些年轻的生命"插队",我还是会感到无比遗憾。

2005年大年三十零晨四点,一个三十多岁的男人由救护车送入急诊,大面积心肌梗死,送过来时已经为时已晚。

逝者正值壮年,开着一个小公司,公司处于稳步上升期。整天忙着应酬,在外猛吃猛喝,一年到头都难得在家里吃几餐饭。钱倒是赚了不少,可高血压、高血脂、脂肪肝等疾病都找上门来了。

他依旧不在意,觉得还年轻,人生还有一大把一大把的日子可以尽情挥霍。

年前少不了要到处联络一下感情,除夕前夜他又喝了不少酒,醉醺醺回到家,凌晨突然觉得胸口有些闷,翻来覆去睡不着,也没太在意,直到后来蔓延到前胸,剧烈疼痛,等家属送到医院时,他永远的闭上了眼睛。

他没有等到黎明,他没有等到新的一年。

他的老母亲喊了一句"我的崽诶",直接晕了过去;

他的老婆傻了样瘫坐在地上,抱着孩子喃喃地说,你怎么这么狠心丢下我们;

他的孩子,一个不到几岁的小男孩含着泪水不停摇着他已经僵硬的身体喊着爸爸。

除夕,本应举家团圆热热闹闹的日子,因他的离去,备显凄凉,从此这个家再也不完整了。

他努力是想让家人过上无忧的生活,他没有想到他有一天会突然倒下,留下的是白发人送黑发人的痛苦,妻子的无助,孩子从此无爹可拼。

[3]

在怀小嘟那年,肾内科一个医生的岳母,四十来岁心脏病去世了,那位阿姨早年丧夫，舍不得吃、舍不得穿，有病也一直扛着不吱声，辛辛苦苦把孩子拉扯大，眼看着要享福了却终没敌过病魔。

当太平间的师傅过来时，我们那个同事的老婆（当时还是女朋友），趴在她妈妈身上不肯离去，撕心裂肺地哭。

"妈妈，你说过你要看着我结婚的，你说过你还要带外孙的，你怎么说话不算话，妈妈，你醒醒……"

她哭着说，只要她妈妈健康地活着，她宁愿不读书，一辈子在农村。

父母在，人生尚有来处。父母去，人生只剩归途。

子欲孝而亲不在是人生最大的遗憾，父母能给子女最大的关怀是爱自己。

[4]

我们家老龙，是个生意人。生意场上免不了应酬，老龙生性豪爽，特别是喝酒的时候，更是觥筹交错，豪气冲天。

我曾多次叮嘱他注意身体，我们都已成家立业，可以隐退江湖了。他往往打着哈哈，一笑置之。

前一段时间，却发现老龙好似变了一个人。酒桌上一改猛喝狂饮的风格，甚至还主动跟我说要去做个全面体检。这简直换了一个人嘛，后来听妈妈说，他身边有两个朋友不到五十，意外猝死了。

在"未知生，焉知死"的传统思维中，谈论死亡似乎是一件让人天然回避的事。然而，如何认识生命的归宿，从某种意义上决定了我们如何看待生活。

我们经常会听说哪个名人得癌症了，哪个名人又猝死了，这些例子数不胜数。他人患病，我们会惋惜，却始终痛不上自己的身，很多时候，唯有感同身受,才能身心相印。

腿摔伤了,才知道要好好走路;

胃痛了,才知道要好好吃饭;

三高了,才知道要控制饮食;

大病一场,才觉得活着真好;

尚且拥有时,有恃无恐,直到失去,才懂珍惜。

[5]

健康是不能透支的,人的生命都只有仅仅的一次,别跟我说终有一死,我不怕,那是自欺欺人。

我见过太多弥留之际的病人,有的坦然,有的恐惧,有的因为疼痛而呻吟,有的则抓住医生的手恳求:救救我,无一例外最后的时刻他们的眼角都会缓缓滑下一滴泪水,代表着他们对人世的不舍和眷念。

去年胃部不适,做了无痛胃镜。当麻醉医生跟我静脉推注麻醉药时,我也恍如隔世。在迷迷糊糊睡去的那一刻,我甚至想到了我会不会再也醒不来?我的眼角也莫名地留下一滴眼泪。

最近,近在咫尺的湖南宜凤高速特大事故和肆意的洪水吞噬的生命无一不在告诉我们,这个世界充满变化和意外,不是每个人都能够每天出门,安全回家;今天睡下,明天仍然能够活着起来。

在医院这么多年,我也明白了一个道理:"钱能买到一切有价的东西,独独换不回健康,也唯有生命才是无价的。"

这也是我这么多年为什么从来不熬夜,十一点前必须上床睡觉的一个原因。

有一段时间林先生经常熬夜加班,他说是为了给我和小嘟创造更好的生活，我告诉他，健康第一，如果以透支身体为代价来换取物质的需求，我宁愿不要。

我不需要你"富可敌国"，我只想你身体健康地活着。

健康地活着，才是最大的财富。

最高的交往
始于真诚

[1]

你是不是也是这样的人？看到熟人就会像打了鸡血，有趣有料有生灵；看到生人就会像打了镇静剂，无趣无聊加无声。

这是社交恐惧症吗？曾经有一段时间，我们以为这是社交恐惧症，后来才发现，不过是因为懂得了社交分类而已。

喜欢本来就是一件奢侈品，有趣也是。

懂得对喜欢的人有趣，是一个人懂得社交分类的最高段位。

[2]

我圈子里，可能段位最高的是大林了。所有人都不知道，大林是个话痨。除了我和小风。

每次我们仨的聚会，数她话最多，开始之后完全收不了尾，又说又唱又拍桌子，讲到高兴的时候，还直接"腾"地站起来，兴奋得直跳。我和小风从来都是观众而已。

大林偏偏就长着一张"不爱说话"的脸，白皙的皮肤，下弯的眼睛，大多见过她的人都说，这姑娘不喜欢说话，见人彬彬有礼，有一搭没一搭的样子，懒于交际，疏于距离。

有一次，终于被我见识到了。这哪是两张面具，简直是两张脸。我和几个朋友出去应酬，一个经理说，等下，我们单位有个同事也一起过来吃饭。过了一会，就见到大林扭动着腰肢进来了，我和大林使了个默契的眼色。

"大林，我们单位业务能力最精通的人，不过她不太喜欢说话。"她的经理介绍语，她坐在我旁边的办公室吧，在与不在一个样——没声音。果然，这两个小时内，大林什么话都没有，除了觥筹交错，其余时间就是笑笑而已。

像是一个周转于人间交替自如，上一刻会闹腾，下一刻又如此安静的人。我真的是第一次看到大林如此安静地吃饭。我曾经问过大林，"我实在想象不出你安静吃饭的样子。"大林说："我安静的时候，像死水，你再撩拨我也没用。"

后来，我们每次再吃饭的时候，我总是无意间会想起那一天的应酬，总是有一点点感动。她说："我愿意跟我喜欢的人说话，甚至变成小丑，然后，大家高兴就好。"

是啊，如果无害，我们固执地为自己造一张，其实又如何？《复仇》里有一句话是："上帝给你一张脸，你却为自己再造了另一张。"

我们也可以。

[3]

在喜欢的人面前用尽了全身力气，在其余人面前又全身而退。人都是这样的。天生死气沉沉的总是少数，大多数人都是活灵活现的。

世间大部分人，都拥有着有趣的基因，却藏在最深的骨子里，他们不露声色，甚至长此以往，而只有那个他喜欢的人，可能才能唤醒。

我父亲是一个话很少的人，至少在外的时候是。他不说话，也很少应酬。可是，他在所有熟悉的人的面前，就显得格外有趣。他段子很多，可以从古代说到今朝，并且清晰不已；他喜欢吃各种过期糕点，每次买来，都会调侃我：为什么那么久没给他买吃的了。

他给我去拿稿费的时候，总是很高兴，但他还是会蹬完自行车，然后问我，应该给他买个橘子吃。

他在外人面前会结巴，可是在他喜欢的人面前又巧舌如簧，他永远是那个别人眼中的严肃先生，却是熟人面前最喜欢说话的小龙人。我常常很想戳穿这样的真相："你真的很内向。""你真的很有趣。"

不是内向，很有可能是无话可说，很有可能是话不投机。

不是有趣，很有可能是相见甚好，又很想后会有期。

没有什么人天生沉默，也没有什么人天生有趣，沉默无非是聊错了对象，有趣无非是真的喜欢你。

[4]

说来，我自己也是。其实，谁不是呢？就像我每次嘲笑大林，大林也会说，她的朋友中，遇见过我的人，总觉得我浑身有一种"排外"的感觉，礼貌到有距离，无话到没表情。

我也听说过，无数人在背后暗戳我的"面冷"："高傲""清高""自以为是"。曾经我也特别介意，无非像并不是太好的标签，给人留下了坏印象。但后来，只觉得根本就是庸人自扰。

我有自己的闺蜜圈，我们每个月都雷打不动开派对、扯八卦、吐槽工作中遇到的种种"垃圾司机"和生活中遇到的"猥琐男"，我们有激情昂扬的宣誓,也有含情脉脉的歃血为盟。

我有自己的绝顶闺蜜,我的绝顶闺蜜总是觉得我是她的最可爱的小伙伴因为我话多,点子多,帮她撒气的方式多,帮她找乐趣的方子也多。我还有一个最佳男闺蜜老陈。

他说:和你在一起之后,我才知道,生活有那么多活法,可以不断地旅行,不断地遇见各种人,不断地读书,不断地有话可聊。

你的有趣,给你自己喜欢的人就已经足够了。有趣很值钱,高贵也是,最高贵的有趣,是留给自己喜欢的人。

至于其他,礼数不缺,就已经足够。

[5]

王小波曾经说过:一辈子很短,找个有趣的人在一起。

有趣和为你有趣,总是难得。喜欢你,所以我才有趣;喜欢你的有趣,所以喜欢你。

对于大多数天生不是表演的寻常人,沉默是常态,有趣却珍贵,为你变得有趣,为你变得有生气;为你变得有爱,为你长长久久在一起。

没什么原因,就是因为真的喜欢你。

热爱生活，热爱这个世界

[1]

有几个朋友留言，问如何摆脱生存的无力感。还有留言问，如何才能在这个艰难的社会，快乐地活着。

这些问题其实都是同一个。

所以给大家推荐部老电影——《绣春刀》。

是部武侠片。

武侠，是成年人的幻想，成年人的白日梦，成年人的童话。

但《绣春刀》虽然武侠，却具极强的现实感——堪称是一部蠢萌人生必看教科书……不，教科影。

你赶紧去搜电影，咱们趁这工夫，讲两个同样现实——但拒绝无力感的故事。

[2]

有个女孩，在网上分享她一次奇异的经历。

女孩正在读大学，交了个男朋友。应该是迅速进入热恋，她的饭卡放在男朋友手里，男朋友则把自己房间的钥匙，给了她。

前后二十天的时间。

然后男朋友就以迅雷不及掩耳盗铃之势劈腿了。

女孩怒了，立即分手。

分手后，她打了个电话，让渣男归还饭卡。

然后警察就来了。

把她抓走!

带到警察局。

[3]

小姑娘懵懵懂懂，被带到警察局，才弄清楚，男朋友居所，被盗了。

房门完好，室内整洁，明显是熟人作案。

女孩有点紧张，解释说肯定不是自己干的。因为自己就没有去"渣男"处，同宿舍的妹子，可以做证。

——可万万没想到，同宿舍的妹子不知是睡糊涂了，还是睡糊涂了，竟然摇头，说没有看到她在宿舍。

……更惊悚的是，"渣男"居所附近的人民群众，竟然有人亲睹她在案发现场出现。

天啊，这真是跳进黄河，也洗不清了。

警察微笑，脸上挂着"案犯就是你，你就是因为'渣男'劈腿而愤怒报复，现在你赶紧招供吧"的表情，开始轮番上阵攻心，小姑娘一辈子也没碰到过这种事，被几个成年人轮番围剿，顿时陷入崩溃。

崩溃了好久，小姑娘慢慢冷静下来，在心里告诉自己：淡定，淡定，姐姐你要淡定，如果你乱了分寸，说不定就会弄出冤案来。

先深呼吸，然后慢慢回想当天所有的细节。

当天的情景，清晰地再现。她心平气和地跟警察讲，当天同宿舍的妹子穿什么衣服，做了什么事儿，自己打了几个电话，都打给谁……冷静让她的脑子清醒了，忽然意识到案发现场的人民群众，有可能是瞪眼瞎掰，就要求证人指证。然后她又发现了一个大问题：失窃财物数量较多，根本不是她一个女孩能扛得动的。

话说清楚了，道理讲明白了。凶凶的警察的那张脸，突然间变得和蔼起来。

连珠炮般的审讯停止，警察蜀黍愉快的请她食饭。

饭局上，警察蜀黍告诉她：交男朋友要留点神，要学会看人，否则会让渣男坑死的。

没事了，回学校吧。

跟跟跄跄走在回学校的路上，小姑娘心里在想——如果当时脑子不清醒或是闹小情绪耍小脾气，恐怕今天这事，真的说不清楚了。

小姑娘不知道的是，这世上，真的有些人，看不明白，想不明白，更说不清楚——这种糊涂状态，会让他们的人生，变得异常艰难。

[4]

前天在上海，我对一个朋友说：每年至少要给自己安排一次旅行，出门走一走，看看风景，丰富内心。

旅行到底有什么好处呢？

有个女孩，网名叫竹竹妈，自述说：她26岁时，头戴小红帽，足蹬运动鞋，每天在旅行的路上，到处寻找奇异的风景。最深的记忆是路上遇到条巨大的狗，被巨狗狂追，追得她连滚带爬哭天抢地。

她去了汪达尔人的土地——西班牙的安达卢西亚。

火车上，遇到位美国大妈。

美国大妈告诉她：她是来寻找自己女儿的，女儿来到安达卢西亚，果断爱上了当地风景，就近找了个帅哥嫁了。可怜天下父母心，不分中国美国人。美国大妈听说女儿嫁了老外，放心不下，亲自追来看看。

大妈说，她看到了当地美丽的风景，完全能够理解女儿的选择。现在她在琢磨，是不是自己也找个大叔大伯什么的，也留在当地？

被美国大妈这么一忽悠，女孩的心，突然感觉到了寂寞。

好像身边少了点什么。

少了个人。

单身的苦，你不懂。

女孩就一个人走，一个人拍照，其中有张照片，是她请路人帮拍的，是她最喜欢的。

回去之后，一个男仔上网来撩她，她也懒得搭理。

不曾想，那男仔撩着撩着，突然说：我前几年到处旅游，去过最美的地方，就是安达卢西亚，在那里时我心中只有一种感觉，就是身边少了一个人。还有，我曾拍过一张照片，是我最喜欢的，就是这张……

男仔把照片发过来，女孩一看，竟然是与她最喜欢的是同一张。

——两个注定不会见面的人，在同一个地方，感受到同样的心情。

两人立即见面，发现他们似乎是失散太久的情侣，有着说不完的话，流不完的泪。

女孩说：我是竹竹妈，他现在是竹竹爸。

——除非你知道自己要找什么，否则是不会找到的。

[5]

这两个故事,似乎全然不搭界。

唯一的共同点是——两个女孩都是脑子清醒,心志澄明。

就如世上两泓清泉,纯净透明,清丽简然。能够让她们希望的人,一眼就看到她们。

她们也面临着现实的压力,但不会屈服于压力。

因为她们的心,没有迷乱。

而我们在前面推介的电影《绣春刀》的主人公,却恰恰相反——影片中的主人公,更接近于我们中的困惑者。

[6]

绣春刀的主人公,是几个结义兄弟。

他们共同的特点是能力强,肯吃苦,爱美女——就是脑子不太清楚。

他们居处于权力体系的最下层,却对自己生活的世界法则,一无所知。他们始终是权力体制的弃子,任何一次行动,他们几个都被列到死人名单上,可是他们却顽强地活下去,越活越糊涂,越活越痛苦。

结义兄弟中的老大,父亲希望他出人头地,做个比芝麻还小的官。权力体制中,这个芝麻小官根本无足轻重,给谁都一样——但,这几个人,对他们的世界一无所知,所以就成为权力鄙视及玩弄的对象,他们越是渴望这个无足轻重的小官,就越是不给他们。

最后,结义兄弟们干脆厚着脸皮,给上面送礼——结果,见钱就拿的上司，居然玩起了拒腐蚀永不沾，当众羞辱了他们。

为啥呢？

因为他们脑子不清楚，只看到鼻子尖前的一点点。

所以被人鄙视。

——现实中，确有这样的人，说能力有，论吃苦也不让人，唯独就是无法摆脱现实的无力感。你正直吧，别人请客送礼青云直上。你老着脸皮学人家送礼吧，嘿，到你这儿改规矩了，人家又玩起拒腐蚀永不沾了。

就是不带你玩！

[7]

这个世界的法则，是很简单的。

同等智商的人，才能玩在一起。

有个朋友，想跟着姐姐一起玩，可姐姐们嫌他太小，就说：咱们玩唐僧取经，你来演沙和尚。现在，你坐在这里看行李，姐姐是孙悟空，要出去化缘了。

好嘞。这孩子就老实坐在原地，假装看行李的沙和尚——结果他一坐就是一整天，姐姐们出去嗨一天。

——许多人长大了，还跟这个孩子一样，被这个冰冷的社会，放逐到边缘地带，存在感接近于零，却不明所以无力解脱。

为什么会这样呢？

——因为你闭锁了自己的脑子，让自己陷入低智状态。

[8]

第一个故事中的女孩,是我们人生的缩影——我们总是努力向这个世界证明着自己,但除非你脑子清醒,看明白,想清楚,说出来,否则的话,任何证明不过是徒劳枉然。

第二个故事中的女孩,她在旅行中寻找,而这个寻找的经历,构成了她生命的全部。当她遇到有共同经历的人,就找到了生命的共同点,找到了美好的爱情。

而《绣春刀》中的暴力型人物,他们也都长了脑子,但他们大脑的利用率,远没有体力的利用率高,结果他们被混沌污浊的现实吞没,却说不清楚是谁在妨碍他们。

妨碍我们的,只是我们自己。

是我们,对自己的心智,开发程度不足。

[9]

小孩子羡慕成年人,在他们眼里,成年人拥有自由,想做什么,就做什么。但只有当我们长大,才知道一个人的自由空间,都是有限的。

人的自由空间,与其心智成正比。

——你看得越明白,想得越清楚,获得的自由就越大,幸福就越多。

——所谓看明白,想清楚,说明白,无外乎你与这个世界,有着足够大的交集,这个世界构成你的一部分,而不是让自己成为孤立的存在。你与外部世界的交集越大,你所拥有的智慧与自由就越多,所获得的幸福就越充足。

——要想看明白这个世界，先要看懂人性。每个人都是情绪化的存在，情绪让我们失去冷静，越是情绪化，越是糊涂，越是与现实抵触。没有人能够摆脱情绪，但千万不可放纵自己的情绪，适时的让自己冷静冷静，就会如第一个故事中的女孩，清晰的头脑能够看到成年人看不清楚的细节，获得这个世界的认可。

——想看明白这个世界，一定要走出心灵的舒适区。蜷缩在自己的思维中，所思所想，与外部世界就少有交集。所以要行万里路，知道你的世界，只是这大千纷繁的一个特例。读万卷书，知道你的思维，不过是偏狭一隅。会八方友，才能够与更多的人，获得更大范围的共识。与你拥有共识的人多了，才会有足够多的朋友，足够宽广的事业空间。

人的大脑，用则进，废则退。当你感觉到压力，感觉到不爽时，正是因为对大脑的开发程度，远低于环境的要求。所以上行的人生，总是感觉到疲累。而这种疲累不过是大脑利用率太低而已。只有当我们想明白人生的价值与意义，把自己的大脑最大程度地利用起来，这时再环顾人生，就会发现所谓的困惑或是艰厄，不过是懒惰者的自我设限。

对生命抱有消极态度的人，总难免陷于困厄。唯其打开心灵，行极远，思无限，热爱生命本身，热爱思考的过程，于不懈的探索中拓展自我。才能够获得简约透明的幸福人生。

在焦躁的岁月里
我们要学会沉淀

未来的自己,你好!当光阴迈着一成不变的脚步不疾不缓地走着;走过一个个春夏秋冬,走过一个个月阴日晴;当年龄成为时间流逝的证据;当春华和秋实都成为历史之后。未来的你,披满雪花坐在昨天的记忆中,咀嚼脸上,每一道沟壑所深藏的故事,该是一种怎样的心境?此刻的你,读着这封从遥远的过去发来的信,又是怎样的一种心情呢?

人们总说时间会处理掉一切,甚至那些无法相信的箴言,时间也会淡化掉许多,包括那些年少的狂妄与懵懂以及爱的萌动。未来的你,现在侧眼回头,你是否发觉有些东西不是说忘就能忘的,比如:青春的开拓,为梦想埋单的奋进,与亲情、友情、爱情相伴一路走来的坚实。现在的你是否还在留恋"雪孩子"的童话?是否还在固执的钟情于冬天?

"值得回忆的哀乐事常是湿的。"此刻的你,读着这封信,是否看到了大学时代的自己:"刚进入轻院的茫然与新奇;独自站在图书馆广场以青春的名义为自己许下的誓言;纷扬的白雪里,踩下的歪歪扭扭的足迹;在轻院这片智慧的沃土上,你是否从那个无忧无虑的女孩,一步一步艰难地走向成熟?然而人生中充满许多离别,每次离别都伴随着一种阵痛,而这种阵痛或许就叫作成长吧!我相信,大学四年的时光,它珍藏在你内心最柔软的角落里,流淌在你的血液里和愚蠢又美好的少年回忆一起,永远无法分割开来。"

走过的路程似乎是一个圆,长途跋涉后又回到起点,于是很多的时候在做相同的事就是寻找目标。当青春年少的那份激情减退；当"初生牛犊不怕虎"的精神萎靡；当勇于开拓创新的思维僵化。未来的你，是否还像以前那样执着于追求？哪怕没有坚硬的翅膀，哪怕没有人为自己鼓掌，依然为了目标而不离不弃。

未来的你，也许已经没有了青春年少的容颜；没有了异想天开的天真；没有太多的时间去沉浸在梦的世界里；但是，你应该拥有成熟娴静的气质；拥有沉稳豁达的思想；拥有更多的能力去爱身边远远近近的人。未来的你，也应该是一个优雅与智慧并存的女子吧，毕竟，过去的你一直有着这样的参照标准：做一个明媚的女子，不倾城，不倾国，以优雅身姿去摸爬滚打！未来的你，是否还在坚持看书的习惯，不一定要博览群书，不一定每天要去看一本书，但至少仍像过去的你一样或多或少地去阅读，去充实自己，不要把太多的时间浪费在与他人攀比事业上所拥有的成就，嫁给了怎样的老公，孩子又是如何优秀上，应该学会沉淀自己，让自己做个淡然的女子。

未来的你，是否还能像过去的你一样每天微笑，没有虚伪的坚强。不管生活经历怎样的沧海桑田，要学会用微笑的力量去化解一切爱恨纠葛，纵使生活中充满不如意，都不要去抱怨。因为一路走来的风景，感动是属于你自己的，横冲直撞、遍体鳞伤的遭遇，只是推动你走向幸福的力量。

未来的你，还应怀着感恩之心，行走在人生的旅途中。感恩家人，给了你奋进的动力；感恩对手，使你变得更加强大；感恩磨难，教会了你坚强；感恩朋友，给了你许多无法衡量的感动。

虽然我是现在一事无成，但对未来的你有信心，我相信，那颗满载梦想的心会有释放的一天，不要让它在负重之下萎缩，也不要因此有太多压力，在通往成功的道路上，我会更努力，更快乐地微笑着去和未来的你相逢。

岁月漫长，爱你如初

一直很喜欢看亦舒的书。

她笔下的亦舒女郎，大多独立、漂亮、努力、坚强、有个性，有魅力，印象最深的是一位亦舒女郎说过的一段话："我独个儿生活了那么久，一肩膀撑住了许多的事，好的坏的总是自己应付，再也想不到会有人来助我一臂之力。你的出现令我几乎精神崩溃，我禁不住这样的高兴，大哭好几场，或者我不应该如此说，但我知道你不会看轻我。"

又或许对这段话的如此记忆深刻，是因为它透露了我内心深处的某种潜意识，某种渴望。

有句话这样说道——当你真心渴望某样东西时，全宇宙都会帮助你。

不知道是不是这样的渴望隐秘地持续了很多年，宇宙终于收到了我的信号。

我和J先生就像两颗距离遥远的星球，独自运转了那么多年后，终于轨迹重叠，共同运转。

好友问：你太不够意思了，谈恋爱了都不告诉我们一声，什么时候谈的啊？

我想了想，发现给不出一个确切答案。

爱情，它是什么时候发生的呢？

我真的不知道，但是和J先生的爱情的确就这样发生了，就像《Love

happens（爱不胜防）》里说的：It just happened.

很多人都遇到过这样的问题：你喜欢什么样的人？

不同的年纪阶段，或许都有不同的答案。

中学时，喜欢篮球打得好、颜值很高、有点拽、成绩好的男生。

大学时，喜欢优秀、高大帅气、有才华又浪漫的男生。

经历的两段失败恋爱，让我开始意识到帅气、优秀、才华、浪漫、有钱、有颜那些字眼都不足以换来"执子之手、与子偕老"的美好。

再后来，遇到这样的问题，我的答案变成：喜欢有责任感、性格脾气好、有上进心、实在、孝顺、有能力、大方、和我聊得来、有相近三观、有共同兴趣爱好的男生，如果个子高、长得帅就算是附加分，额外的惊喜。

朋友们听完后，都不约而同地说：亲爱的！你这要求有点高啊！

我睁大眼睛，心想：高吗？但是他们的语气和神情应该说明了答案。

于是再后来，我就不再回答这样的问题了。

当身边越来越多的人恋爱、结婚和生子，看着别人家的欢乐和幸福，我也怀疑过是不是真的要求太高了，是不是应该少些要求多给别人一些机会。

因为坐在几万米高空望着云海发呆飞行二十几个小时时，拼命工作到半夜时，生病独自去医院打针时，一个人站在伦敦桥上看夜景许下生日愿望时，看着一对对牵手走在根西岛海边的夫妻时……

我都有过不止一次，觉得自己会一直这样孤独下去。

直到有天看了一篇文章，看得我内心百转千折，结尾的几段话更是让我泪流满面："是的，你心里还是渴望恋爱的。但不是因为你一个人过得不好，而是你想把你发现的所有世界上的新奇和美丽和一个能理解你的人分享。

因为一个真正成熟、睿智、内心强大的男人会知道，和你在一起的一生，会是高尚的、纯粹的、脱离了低级趣味的一生。

你还是会继续对世界好奇、继续努力，你会成为他物质上、生活上、精神上最好的朋友，你们将是灵魂上的双胞胎。毕竟，在遇到他之前，你已经很努力、很努力地走过了一段属于你自己的路。"

那一刻，我觉得最想嫁的男人出现不出现都是那么回事儿了，因为我已经成为那个人。

我把文章分享给了妈妈，然后发微信说："妈妈，也许我会一直单身下去了，如果我以后真的没能结婚，希望你别怪我，只是希望你能有点心理准备。"

某天早晨醒来，看微信，看到闺蜜唰唰唰发了很多条语音给我，另附带了J先生的名片。

某天和J先生第一次聊天时，知道他想吃油焖大虾，刚好那天我做了大虾还拍了照，鬼使神差给他发了照片过去，那时加拿大凌晨三点多，J先生因为通宵画图，饿得饥肠辘辘。

某天我心情不好，J先生刚好给我打电话，安慰我低落的情绪，跟我说他以前在英国留学时的生活，听我说一些乱七八糟的故事，还不忘跟我贫嘴逗开心。挂上电话后，他发微信说："一个人在国外有好有坏，不用太烦恼，孤独也会使人成熟。"

某天我因为旅行订火车票的事问他，他放下手里忙着的所有事，同步开着网页一点点教我，不厌其烦帮我查各种信息，末了还让我别跟他客气，有什么问题尽管问。

某天我们开始习惯每天打电话或者视频至少两个小时，话题好像聊不完，共鸣点越来越多，发现我们都很喜欢旅游和摄影，父母教育方式都极其相似。

某天我在伦敦时J先生告诉我，他已经开始办签证要来英国看我。原本他是打算圣诞节来，后来改到暑假，再后来就改成了尽快。

某天他告诉我假请好了签证下来了机票也买好了。我开始去选礼物，去超市买几大袋食物放冰箱，还买了肉馅和面粉，准备和面包饺子，然后花了一个晚上的时间包了七十二个饺子，冻在冰箱里等着J先生来的时候煮给他吃；开始在手机备忘录写菜谱和去玩的地方，列出要做给J先生吃的菜，要带他去看的地方。

某天他开车、飞行、坐coach换机场加转机折腾了快24个小时，最后终于到了根西岛机场，我却因为没赶上车迟到了二十分钟，他告诉我没关系，别着急。见到那一刻他笑着拥抱我，我说着sorry sorry我迟到了，他说着见到了你比什么都重要。

某天闺蜜H看着我和J先生的合影，说："我知道你俩合适，但是没想到你俩这么合适，你们就应该是一对。"

某天……

我不知道哪一天开始，渐渐地喜欢听J先生说话时浓重的北京口音，喜欢听他爽朗的笑声，喜欢看他真诚的笑脸。

我不知道哪一天开始，习惯跟他分享生活中的所有的快乐和美好，也不害怕向他袒露我的脆弱和心事。

我不知道哪一天开始，我们拥有了越来越多的默契和信任，一点一点走进彼此心里，即使我们隔着大西洋的距离和五个小时的时差。

我也不知道哪一天开始，我们慢慢成为了彼此生命中非常重要的一部分，得到了父母和朋友诸多的祝福。

庆山的《眠空》里写道："真正的爱，一定相连着喜欢、笃实、明朗、饱满。真正的爱不可能使对方痛苦，也不会让自己痛苦。那些使我们痛苦并因此想让对方也同样痛苦的关系，与爱无关。"

在和J先生相处的一点一滴中，我第一次体会且懂得了那段话的含义，第一次知道原来真的会有男人因为爱我可以做到那般毫不计较心甘情愿的付出，付出真心、诚意、时间、精力和金钱。

在他从大行李箱中拿出送给我的礼物，首饰、电子产品、用的、吃的堆满一地后，行李箱空了一半时；

在我下课回家躺在沙发上累得睡着，醒来后看到身上盖着他的衣服，桌上摆着他做好的香气四溢的咖喱牛肉和醋熘豆芽时；

在逛超市买了几大袋东西，他刷卡付钱后，坚持一手提着购物袋，一手牵着我时；

在我和妈妈因为小事起争执，他给我妈妈发微信替我道歉，安慰她，让她别生气时；

在出去游玩，他拿着最好的人像镜头对着我不停按快门，架着三脚架拍我们在海边看日落的合影时；

在我吃饭不小心把汤弄到衣服上，他让我换下来，然后把我的脏衣服给洗了晾好时；

……

在很多个和J先生相处的时刻，我都不自觉想起开头写到的亦舒女郎说的那段话，内心感恩不已。

有天我看着这个工科男开玩笑说："我上辈子拯救了疯人院，你拯救了银河系。"

结果那天晚上一起看电影，随意一选就选了《Guardians of the Galaxy（银河护卫队）》，J先生突然很认真地对我说："我上辈子真的是拯救了银河系，这辈子才能遇到这么好的你，我会努力把你娶回家的。"

那一刻，我看着他的眼睛，看着他高高的个子，觉得他特别帅气，额外惊喜都有了。

我们都不知道这段我们认为"上辈子拯救了银河系"的爱情究竟是什么时候发生的，

但是我们都知道，我们为迎接彼此已做了漫长的准备。

我们都经历过年少轻狂时的失恋，而后多次地反省，才开始懂得包容、尊重和理解的重要性；

我们都有过数次独自一人的旅行，而后才懂得世间美好的风景要有人分享才更美丽；

我们都忍耐过孤身一人在异国生活工作的寂寞，而后才懂得如何与自己相处，平衡内心和外部世界的联结。

我们都承担过生活给予的冷漠、挫折和失败，而后才懂得感恩和真情的可贵。

J先生回加拿大后，有次我起床后收到他在我睡觉时发的微信："我很感激你走进了我的生活里，更走进了我的心里。我十分地爱你，珍惜我们之间的爱情。缘分可能就是这么有趣，你求它时它不来，当你认真过好你生活的时候，它会悄然来到你的身旁。我已等待这个时刻等待了很久，我会牢牢抓住这份上天赐予的缘分，好好爱你，珍惜你。"

而我，又何尝不是，等待了许久。

有部英文短片中说："Good things come to those who wait（好东西只属于那些耐心等待的人）。"那样的等待是值得的，因为在等待中，我们都真切地看着自己在一点点成为更好的人。

等待也让我明白，我想要的尘世的幸福，就是抛弃所有的虚无缥缈，两个人在一起经历生活，努力工作，照顾关心彼此，不回避问题，不逃避责任，如此对拥有这般踏实、安心的感情充满感恩。

幸福来得晚一些，什么时候来，那都没有关系，只要那幸福是真的。

有一天，当我们遇见真爱就会明白，曾经经历过的人渣也好，伤心和眼泪也罢，只是让我们学会懂得独立和自爱，也懂得包容、理解和成全；

那些一个人经历过的孤独和奋斗，委屈和痛苦都是在磨砺我们成为更好的人，从而遇到更好的人。所以，相信自己内在的力量，相信自己值得被爱，相信一切都是最好的安排。

愿漫长岁月，情深似海，不忘初心，不移真心。

最暖人的心是你的关心

当我年少时,妈妈总嘱咐我:吃饭不要太快,不要吃冷饭,多喝热水。那时年少不更事,吃饭飞快,饿了不管冷暖吃了再说,冰可乐冰啤酒张口就来。

慢慢的,知道了天下父母心,知道了好身体很重要,但父母已慢慢老去。以前不太关注面相和气色,现在学习了一点中医的皮毛,也能看出几分来。

当下诚会玩,却也常常让人疲惫不堪,朋友间经常见面,总有那么几个常常红着眼黄着脸的,自己也常常工作到很晚,我们多多少少都会有点亚健康。

常常在想:做什么是能够让我们感受温暖和调节身体的。对雾霾是心有余而力不足,于是,想到了我们每天都要喝的"水"。

早起一杯温水,润喉润肠又醒脑;工作时一杯热茶,既解渴又消火;还有经常听到的每天八杯水,健康生活每一天,等等,水关系着每一个生命个体的质量。

我每天基本上都要喝茶,一个人的时候泡茶嫌多嫌麻烦,喝白水又嫌无味。上火时,泡菊花枸杞茶,装保温杯里,口味太差,泡在杯子里,冷得太快。每当夜里看书写字的时候,真希望时刻有一杯温水放在边上。

我深信真正的温暖源于真心的关爱,看似简单却爱意无限。不要着急,慢一点,像我一样问问自己,那份久违的暖心你一样能感受到。

早晨家人为你倒满的牛奶是暖心,中午好友为你递上的咖啡是暖心,夜晚回家孩子为你摆上的拖鞋也是一份暖心。

由此，我用来自温水的灵感，用一颗灯珠比拟真心，用一壶茶水比拟关爱创作出了这款产品——"暖心"。

"暖心"是我设计的产品里最满意的，除了高颜值以外，它不仅可以解决我们喝温水的问题，更能在寒夜里给你别样的温暖。它可以煮花茶美颜，也能煮铁皮、人参温补益气，更能在你身体不适时给你更多关爱。

"暖心"也是我今年最想带回家的，给父母暖一暖心，养育之恩无以为报，子女能做的事不多，爱能给一点是一点。

一生中，对父母最大的爱是陪伴，但我们很多人很难经常陪在父母身边，我希望像"暖心"这样的产品能够成为沟通和爱的桥梁，一开灯，陪伴仿佛就在眼前。

都说爱要勇敢说出来，但这样珍贵的温暖只用语言表达显得太过无力，我想，"暖心"正代表了我对他们的心意：再冷的天有我就温暖，再黑的夜有我就安心。

守住宁静的心，不恋悲伤

不必那么介意孤独，或许它比爱要舒服。爱也有残忍的一面，尤其当它离去的时候。一个人的日子有一个人的静默欢喜，把孤独的时光用来建造一座内心丰满的城，总有天使会来爱你。

到了现在这个年纪，谁都不想再取悦了，跟谁在一起舒服就和谁在一起，包括朋友也是，累了就躲远一点。取悦别人远不如快乐自己。宁可孤独，也不违心。宁可抱憾，也不将就。能入我心者，我待以君王。不入我心者，不屑敷衍。

浅浅时光，几许温暖，拥一份恬静安然、守住一颗宁静的心，不染悲伤。

所谓文艺范，不是喝着星巴克，在昏黄的灯光下捧一本书或者听一曲音乐的"表象"，而是拥有自己的世界，按照自己的意愿去生活。苦也吃得，累也受得，生活可以很朴素，内心里却是丰满的。凭外面世界如何热闹，内心却拥有着宁静。

不要因为孤独就去找一些不适合自己的娱乐方式，迎合一些不属于自己的群体，爱一些就手可得的人。每个人都有孤独的时候，很多人并不是你印象中的纸醉金迷，他们不为人知的孤独你没看到罢了，不要因为一时的空虚打乱了你的坚持你的思想。我们都一样，要学会承受人生必然的孤独，过了，才能看见美好繁华。

你不能是一只橙子，把自己榨干了汁就被人扔掉。你该是一棵果树，春华秋实，年年繁茂。要明白，单身才是最好的增值期。

当你很累很累的时候，你应该闭上眼睛做深呼吸，告诉自己你应该坚持得住，不要这么轻易地否定自己。谁说你没有好的未来，关于明天的事，后天才知道。在一切变好之前，我们总要经历一些不开心的日子，不要因为一点瑕疵而放弃一段坚持，即使没有人为你鼓掌，也要优雅地谢幕，感谢自己认真的付出。

以前的时候，无论多大点烦恼都想找人倾诉，现在遇见的事和困难多了，却很少想要去倾诉了。你会想要和别人保持一段优雅的距离，你学会了自我消化痛苦的能力。

那些曾经亲密，后来疏远甚至消失的朋友，我们不必相互责怪对方有了新伙伴，也不必惋惜友情转瞬即逝，有些事情看似偶然，实则必然。人生的路有很长，很多人都只能陪伴其中一段。分开一定是有不适的条件出现，能够在适合的时候相聚在一起，开心过痛快过，已经很好了。

这一路遇见那么多人，错过那么多人，在几个人身上受伤，也因几个人披上铠甲，那时犯过的错、经历的遗憾，都是为了和你在一起而准备的。我们棋逢对手，心满意足，已经等了那么久，如果最后是你，晚一点真的没关系。

[生活也许没我们想象得美好，
  但它也不太糟]

窗外，夜凉如水，空气吸进喉咙仍然空荡荡。记得大学时候，我和室友们总喜欢在熄灯后的夜晚，躲在被窝里开卧谈会。几个人脑洞大开聊得火热，但最后话题总会落到生活里，我们常常畅想未来的生活。

室友A是热爱旅游的文艺少女，她做着几份兼职，期待毕业以后能在云南开一家客栈，养两只狗三只猫，房间不必太多，但每一间都要有特色。她早早就给客栈起了名字，对我们豪迈宣布："你们随时去任意去，免费入住。"

室友E毛笔字写得极好，从小跟着奶奶学唱黄梅戏，但她更喜欢缩在厨房里做饭。她说，"我的梦想是做一名完美的家庭主妇，在慵懒的阳光下洗手择菜，烹饪美味可口的食物。"

室友M古灵精怪，她说，"我从小最大的梦想就是做个商业女王，我要把A的客栈开遍全国，然后把E的美食包邮到每家客栈。最重要的，就是在每个客栈旁边开一家梦想回收站，低价收购高价出售。"

时间给得起旺盛的向往，年轻本身已是光芒万丈。

当然，成长经历过迷茫和窘境，经历越多，就越能看到世界的宏大和自己的渺小。生活不是平铺直叙的，每一件突发事件都会将你的生活推向未知，你无法掌控又无可奈何。

毕业后的我们逐渐明白，心血来潮的美梦来得快去得也快，而真正的梦想往往很不起眼。你可能倾尽全力不能到达，但每一天的流失里，你都能感觉到它的无遮无拦。

A没能成为客栈老板娘，而是成了房地产公司的部门经理；E的确每天都在品尝不同的美食，却是别人做的，她现在是一家美食杂志社的编辑；M的商业帝国成了海市蜃楼，她现在是马尔代夫的一位潜水教练；我也是，当初一心期待去杂志社的我如今做着严谨的财务工作。我们都没能成为当初造梦时所期待的自己，也没有不顾一切去改写现状，但是这并不代表梦想真的逝去，它消失在眼前却藏匿在心底，然后慢慢地改变了我们。

A的业余时间都在学习室内设计，她还在网上发了自己出租房装修前后的对比帖，她写的低成本装修攻略大受追捧；E是一家公益组织的志愿者，周末为空巢老人收拾房间洗衣做饭，陪老人们聊天；M开了一个学潜水的微博，发布许多被采访的游客的故事，在这里，你会发现原来世界上有很多人用你未曾想过的方式生活着，彼此有着不同的价值观，纷繁有趣，让理解的人共鸣，让不懂的人叹息。

成长的过程就像一面镜子，透过它，你可以看到以往脸颊绯红满心期待的自己。时光垂暮，镜中所窥的景象已经物是人非，你也惊醒于自己青春不再的现实。因这回忆，你却可以重省一次自己，在逐渐消逝的岁月里，再度找到一个昂扬的凭借，为日后的所行所为赋予一层新的意义。

你看，生活真的没有我们想象中的美好，却也没有想象中的糟糕。好的生活不会让你事事顺遂，坎坷磨砺颇多，却也让你变得柔软了。

青春的纪念物，从来不是年轻的腰肢和使不完的力气，甚至也不是那些未完成的遗憾和痛苦。青春最珍贵的礼物，是回忆留给你的没心没肺的遗忘能力，年轻的我们总能比现在更轻易去忘掉不美好，因此也比现在更多地感觉着生命的喜悦。

生活从不会因个人喜好而改变规则，我们多数时候需要经历许多好与不好的体验之后，才能确定自己最后的选择。

　　成熟并不意味着放弃对美好的向往，而是学会接受现实，学会在现有的旧物上拥抱新的快乐。纵然青春留不住，也不要为此耽搁行程。

心有宁静,
行动有猛

知道自己什么时候要减速,
什么时候要冲刺,
什么时候最难受,
什么时候想放弃,
然后知己知彼所向披靡。

[最有意义的时光
就是你每一次的努力]

小时候，我常溜进小区旁边的体校里玩耍。放学后的大半天时间，有好几个方阵的学生在那里训练。无论是寒冬还是酷暑，上来20圈热身运动的是田径队；杠铃举到鬼哭狼嚎，俯卧撑做到痛哭流涕的是举重队；我最喜欢看的是跆拳道实战，每次都躲在厚厚的绿垫子旁看她们训练。

那是暑假里的集训，十几个女孩子在教练的号令下分成两队自由对打。突然，教练对着一个懒散的梳着羊角辫的女生暴跳如雷起来，女生也吓了一跳，不好意思地低下了头，但动作依旧没有达标。

教练迅速让其他队员站成一排，和羊角辫逐一对打起来。我看着她像一只慌乱的小兔子，忙不迭地躲避着对手毫不留情的袭击。刚到第三局，她就被一个下劈掀翻在地，抹着流血的嘴唇嘤嘤地哭了起来。

教练示意继续。下一个对手便又虎视眈眈地站到了女生的对面。

来不及擦一把泪水，小女孩儿又披挂上阵了，这一次，她被踹倒在地，好半天也起不来。

她痛苦地蜷缩着身体，整个人扭曲成一团，嘴里发出呜呜的哀号。我躲在暗处，吓得连大气都不敢出，一颗心悬在半空。忽然觉得喉咙像是被什么东西哽住，撕心裂肺的疼。

教练几步走上去，检查了一下，便一把把她薅起。让下一个学员继续上场。小女孩儿像疯了一样毫无节奏地乱踢乱抓，我看着她像一头孤军奋战的小鹿，梗着脖子求一条生路。教练的眼里满是冷漠，一努嘴，对手便心领神会地冲了上去。

我眼见着她一次次倒地又爬起，汗水裹着泪水怎么抹也抹不干净。终于有一次踢到了对方的脸上，教练做了个拍手的姿势以示鼓励。小女孩儿愣了一下，咬着牙又冲了上去。

这一局她赢了，今天的训练也结束了。

大家互相鞠躬拍手，感谢教练和队友，然后小女孩儿褪下了身上的护具，一瘸一拐地走到了角落深处。我亲眼看见她把头扎进手臂里痛哭，整个身体剧烈地颤抖起伏，却把号啕死死地锁在喉咙中。我好想走过去抱紧她，告诉她她不孤独，还有一个陌生的我在另一个角落里陪着她抹眼泪。可我终究没有唐突，眼见日薄西山，只好咬着嘴唇黯然离开。

等我在拐角处最后回望，筋疲力尽的她也终于捋着头发爬起身来，步伐沉重地往楼群走去。

我们的人生有多少这样的困境啊，看得见或者看不见的对手如潮水般涌来，打到我们没有力气招架，可是心里总有那么一个声音告诉自己，别趴下，别趴下。

几年后，我故地重游，体校教学楼的外立面正在翻修，操场上暴土扬尘，一片狼藉。几台健身器材堆在大门口，锈迹斑斑。我忽然看到院墙外面的宣传栏里新贴着几张巨幅海报。其中一个女生身穿道服，笑靥如花地咬着一块亮闪闪的金牌。我恍然大悟，原来这就是那个在角落里痛哭的小女孩儿。

她的眉眼如昔，可纤弱中带着一股不服输的倔强和坚强。还有什么比这个更激动人心的吗？我想起了家里老人常说的那句话，这世间的苦，你不会白受。

从去年春天开始，我下定决心要健身。因为连续加班熬夜，出差开会，我深深地感到机体免疫力的下降。头经常会莫名地疼起来，疲惫感不断涌起，还有恼人的溃疡三不五时就会从嘴里拱出来。

我打定主意，为了自己为了家人，这次说什么也要坚持下来。白天的时间太有限，思前想后我选择了夜跑。考虑到距离和安全，我决定先在小区的道路上练习。每到夜幕四合，我安顿好家里的一切，就换上跑鞋和运动服一边给自己打气，一边做准备活动。小区的南面是一大片儿童乐园，里面人头攒动，非常热闹。我大口喘着粗气和散步的老人们擦身而过。

初春的风有一丝清凉，调整了呼吸，越跑越觉得舒畅。我慢慢地远离了人群，往北面的灌木丛冲去。忽然，在拐角处，一个人影突然跳动，吓了我一大跳。

我们都在昏暗中站定了几秒，谨慎地打量了一下对方。他先打破了沉默，怯生生地说："对不起，我在这里练习颠球。"我这才发现，灌木丛后面有一小块空地，正好不被打扰。我也忙自报家门："没事，你练吧，我夜跑的。"

我隐约觉得他点头的时候笑了笑，但也许并没有。总之，短暂的交流后，我们又各自开始了自己的项目。从那天起，每次夜跑，我都能看到身形瘦弱的他，躲在灌木丛的后面悄无声息地练习，风雨无阻。练着练着，我们似乎成了并肩作战的友军，身后的喧嚣譬如朝露，只有我们两个在暗夜里互相呼应鼓励着。

到了深秋，有好几场大雨，老公说什么也不让我出来了。我站在卧室的飘窗下，看着淅淅沥沥的雨滴穿梭在天地间，不知为什么想起了灌木丛中那个倔强的身影。不到半年，他的技法已经非常娴熟了，即使是惊鸿一瞥，也能感觉得到，击球的声音不再断断续续，球也极少有失控滚出草丛的时候。

而我呢，跑过了春夏秋三季，流了无数的汗，也叫过苦喊过累，赌气要放弃。可想到不远处还有一个小小的不屈的身影拼搏着，便又有了一种我并不孤独的自豪感。8个月的夜跑外加半年的艾扬格瑜伽，我不再气短胸闷，力不从心了，更难得的是还成功减去了10斤赘肉。

最初的那颗火种已经是星星之火可以燎原。当你成功地坚持了一件事，就像是获得了一条隐秘的小径，让你穿过无聊的现实、荒草和雾霭，来到了一个开满鲜花的庭院。坚持这件事最有益的指导是，它让你在奋斗的过程中充分地了解了自己，掌握了控制自己脾气与惰性的那把钥匙。它让你知道自己什么时候要减速，什么时候要冲刺，什么时候最难受，什么时候想放弃，然后知己知彼所向披靡。

除了坚持夜跑，我又开始学习英语。我像个卧底，日日夜夜隐秘地生长。虽然我的工作暂时涉及不到外文，但我下载了单词APP，每天强制自己背30个单词，不背就无限提醒死循环。每天上班和下班的路上，一定是挂着耳机，一般都锁死一篇文章力争听到每一句话都明白，所以常常是两个月了我还在听同一篇。我在网上找到了一位专门教口语又物美价廉的菲律宾老师，和她商定每天聊天一小时。刚开始的时候，我听不懂长句子，只能从天气和爱好聊起。而且我的词汇量也撑不起60分钟的课堂，所以每次上课前我都必须先查字典抄美文，准备出长长的几段英文来扩充发言的时间。慢慢地，我开始有能力和老师展开辩论了，又过了一阵，我发现一个小时实在太短暂了。这期间我也曾沮丧过、失望过，想过放弃。但老师鼓励我学语言从来就不是一蹴而就的，语言就像流水一样不断变化，不要给自己太大压力，只要每天上课练习，享受学习就可以了。因为时间看得见，你把它种在哪里，哪里就有收获。

我们很难说这一段坚持能改变多少我们的命运，但可以肯定的是，每一段经历都是难能可贵的礼物，每一次努力都有着讳莫如深的意义。如果那一年，角落姑娘没有坚持下来，做了赛场的逃兵，就不会有后面重绽笑颜的获奖照片。如果那时我任由身体肥胖，体质下降，也许到现在还是一个病恹恹的亚健康状态。还有那个灌木丛里埋头苦练的小男孩儿，虽然我不知道他为了什么，可我肯定的是，他吃的苦受的累，都会变成有益的养分。

2015年10月，单位选派人员去洛杉矶考察。本来与英语没有交集的我因为口语流利意外杀出了重围。在我刚开始学英语的时候，办公室的人都笑我又和工作无关又浪费时间，还不如追追韩剧，放松下心态。当时的我，并不知道学英语对我以后的人生有何意义，就像在走一条漆黑又漫长的隧道，停下来就只能永远待在原地，往前走走也许就会找到出口。

人们都说命运诡谲，沧海桑田。可我总觉得有一些东西是恒定的真理。那些吃过的苦，受过的累都是他日成就自己的倚靠和积淀。世上没有免费的午餐，这话很对，每一个东西都有隐含的价码，得到也意味着失去。同样，每一段艰辛的路程都有其意想不到的价值，付出必伴着收获。

你越努力，
你的选择也就越多

为何要把人生话语权给别人？

自古以来都在讲，男人必先立业后成家。而女人，似乎生来的使命只有嫁鸡随鸡相夫教子，彻彻底底充当男人的陪衬。尽管时代变了，但多数人骨子里依然觉得女人嫁得好就可以了。那何为嫁得好？波谲云诡的世事，只把人生依附于你所谓的爱情，牢靠吗？这样的一生，你甘心吗？

[1]

我有两个不错的朋友，露露和大菡。

曾在20出头大学毕业的年纪，露露的四年恋宣告终结，这让她久久不能释怀。好在工作第二年，她遇到了同事江苏男，两个人因为共同的兴趣爱好而成为男女朋友，这段新恋情也就此冲淡了昔日的情伤。

上班之后的爱情才是成熟的爱情。露露每当说起与江苏男的感情，必先抛出这句话。彼时，在我们所有旁观朋友看来，这是段完全可以瓜熟蒂落的感情。所以后来江苏男被公司派往上海工作时，露露以最快的速度辞职，紧紧跟随爱情的脚步。比起失去工作，她更害怕失去他，因为从小的家庭教育就不断告诉她，女人干得好不如嫁得好，工作差不多就行，家庭才是第一位。

或许多数相处久了的关系终要陷入喋喋不休的争吵，又或者露露无法理解眼界变开阔的江苏男与自己的价值观愈拉愈远。于是她，开始怨怼持续的付出，开始疯狂地想要个孩子，步入婚姻。只可惜她永远看不穿男友究竟要的是什么！是的。男女之间的很多分歧都源于看待问题角度的偏差。彼时的江苏男眼里，只有立业这一件事，毕竟有业不愁家。

而大菡，这个被我们称之为独立女性的女孩，虽说大学四年没遇见心仪的他，甚至一度被嘲笑在最好的年纪浪费了资源，可大菡从来都不会纠结在这件事上，即便从大三开始别人都成双入对唯独她形单影只。与自己相处的日子，为什么不能过得更有意义呢？于是大菡在考过四六级后，又拿下雅思，课余时间在兴趣小组学了钢琴、瑜伽、花艺。毕业之后，因为出色的口语，她被一家知名会计事务所看中。

[2]

后来，露露和江苏男分手了。正式步入大龄女相亲团。母亲告诉她，爱情不是被动等来的，是勤奋努力找来的。所以，露露不是上班睡觉，就是奔赴各类相亲地点的路上。总之，她必须要找到自己爱情的归属，才有继续前进的动力，否则总感觉心理不踏实。尤其母亲一次次催促着，抓紧找，对方条件差不多就先处处，不然越到后面合适的越少，都被别人抢先挑走了。为此，虔诚于爱情的露露，总是会推掉公司占用周末时间的各类进修机会，因为她要相亲。因为她笃定相信，进修有的是，可对的人错过就是一生。

而同样单身到大龄的大菡，因为自己出色的表现已经跳槽到一家跨国外企做企业传讯部副主管。当时追她的人不少，却都被她圈定到普通朋友的范畴。

你为什么总是不紧不慢？就不怕优秀的男生都成为别人的老公吗？

在一次聚会上，同为单身大龄女的露露很是质疑大菡对恋爱这件事的态度，简直与自己反差强烈。噢不，是和多数单身大龄女都不同。

大菡听此，只是笑笑。反问道，露露，这个世界对优秀的定义没有统一标注。一个月收入3000块的姑娘，会认为能嫁给一个月薪过万的人就算嫁给优秀。而这对于一个本身月薪几万，憧憬生活情调的姑娘来说，就不算优秀男士了。

直至几年后的今天，原先在同一起跑线的露露和大菡都已嫁为人妇，但她们各自的生活却千差万别。露露继续过着如原生家庭那样的工薪生活，婚姻并未改变什么。而大菡，尽管父母也都是工薪，但她却通过持续投资自己，吸引来和她一样优秀甚至比她更有发展的另一半。生活，也因婚姻的起点高了，而变得诗情画意丰富多彩。

[3]

所以，姑娘。你就是自己爱情的标尺，多数情况下，你处在怎样的位置直接决定另一半的档次。换个思路想，大多数男人为什么总说先立业再成家？无非是想把自己变得更优秀，可以选择那个各方面更近乎完美的配偶。但女人往往在旧观念灌输下，总觉得不要太优秀，这样下去能让自己仰望的男人就愈来愈少。

但是，姑娘。生活告诉我们，遇到爱情前，努力像男人那样先立业，哪怕只是份让你实现经济独立且通过持续努力获取更大发展的工作，也比你原地踏步寻找爱情强。

是的，姑娘。你可以暂时缺爱，你可以不爱财，但不能没有赚钱能力。

因为你只有先立自己的业，未来才能拥有更多选择生活的权利。只有你自己学会如何打理财富，才会在变化的世事中拥有持续的安全感。这，是任何人都无法永远带给你的。

人生有无数种可能，你要一一去尝试

去朋友家的时候，特别带了一把剪蒜胡的剪刀，帮她把买的粉条剪一剪，吃的时候方便一些。

"这不是剪蒜胡的剪刀吗？你怎么用它剪粉条？"朋友问我。

"不可以吗？谁规定这剪刀只可以剪蒜胡，不可以剪粉条？有机会我还想用它剪花草、裁衣服呢！"

一把剪刀，能做的事情太多了。它可以剪指甲、可以剪头发；也可以剪花草、剪线头。有一次我还看到一个小商贩，在用剪刀剪干辣椒，回家我也学着做，果然比刀切得都好。

而在某些人眼里，专用剪刀，只能专物专用：剪蒜胡的剪刀，只能剪蒜胡，裁衣服的剪刀，只能剪裁衣服。而我们平常的家用剪刀，也就是拆拆棉被、剪剪线头就罢了，从来不觉得一把剪刀，还可以做这么多额外的事情。

当然，还有家用的电饭煲、电饼铛。一般家庭，电饭煲只能用来做米饭或者煲汤。电饼铛只能用来烙饼，顶多也就再用来煎个鸡蛋。其实电饭煲不仅能炒菜，还能做很好吃的蛋糕。电饼铛的用处就更多了，它不仅可以用来烙各种口味的馅饼，还可以用来炒芝麻、炒花生米、炒玉米花、炸薯条、煎茄子煎鱼。炒苦瓜鸡蛋的时候，用电饼铛炒出来，不仅美味又美观，而且还省时省事。觉得那电饼铛除了不能做汤，几乎什么都可以做了。

但这些额外的功用，须有一个知它懂它的人来开启，才能很好地服务于我们。不然就只好一直被埋没了。

然后还有盐、醋、花椒、葱、姜、大蒜等，这些看似平常的调味品，其实还有很多用途。有的能入药，有的能美容。特别是醋，用来去除草渍，功效近乎神奇。它们的这些用途，被人发现后又被广泛传播和使用。这全仰仗人的用心。那么我们人呢？除了必须尽职尽责的工作之外，除了我们在生命中，必须扮演的角色之外，我们还能做什么呢？

古人说"安身立命"。"安身"就是养家糊口、安居乐业；"立命"则是在精神上有所寄托。那么什么叫"精神寄托"呢？就是除了社会性的、必须完成的工作之外，还有一些业余的兴趣和爱好。比如有人喜欢钓鱼、有人喜欢养花、有人喜欢跑步、有人喜欢骑自行车……

这些兴趣和爱好，虽然不能带给我们经济上的收入，但却能愉悦我们的身心，带给我们精神上的满足感和成就感。

你在单位上班，你除了处理公务，除了喝茶看报纸，你还喜欢什么？当有一天，你没有班可上，没有公务可处理的时候，你总不能整天在家喝茶看报吧？经常听说一些退休的老人，因为没有自己的兴趣和爱好，退休后在家闲出了毛病。所以，我们每个人都要从现在开始，建立起一个属于自己的精神王国！

作家马德，他现在的正式职业是一所中学的老师。但他在做老师之余，不停地写作，已经出了好几本书了。还有毕淑敏，她开始的职业，是医生。后来一边从医，一边写作，现在成了很著名的作家。唱奔跑的阿杜，在成名之前是建筑工人，罗大佑家更是世代行医，而且他上大学的时候，也是学的医学专业。但后来他成了著名的音乐人。扮演关羽的演员陆树铭，在没有出道之前，是烧锅炉的，就连大名鼎鼎的鲁迅先生，上学的时候，也是学的医学专业啊。

再说就是最近两年才出名的刘大成和朱之文，他们出名之前都是农民。

而且连一个正常的农民都算不上。

他们和我们有什么不一样吗？当然有！就是他们在养家糊口、安居乐业的同时，在他们心里还有另一种情怀：喜欢和坚持。喜欢写作就坚持写，喜欢唱歌就天天唱，无论生活多么艰苦，无论别人如何议论；被当作傻瓜也好，被当作神经病也好，被那些真正的农民嘲笑也好，但他们从不放弃！他们把自己真正喜欢的事情，当作一种信仰，去热爱去崇拜去坚持。

这样的人，都拥有自己强大的精神王国。在现实生活中，他们败得一塌糊涂也好，伤得体无完肤也好，但他们依然可以生活得很充实、很快乐！因为'哀莫大于心死'，人最大的悲哀，就是精神的沮丧和意志的消沉啊。

那天下午四点左右，风和日丽，我很随意地带了坦克出门。出了门才知道，我们小区门口，聚集了很多人，有看牌的，有打牌的，也有打麻将的，真是热闹非凡。但那个杂货铺的老板，只隔了一层玻璃，却在那儿很用心地临摹着毛笔字帖。

这个小杂货铺，只一间房子，后面连个窗子都没有，里面除了货架和一张椅子，几乎没多少空间了。夏天的时候，门口放一个冰柜，卖冰镇的矿泉水和雪糕，平常也就是卖两包烟，几瓶水罢了。总之这么长时间了，很少看到他那儿有生意。

只是对他这样的老人来说，生意的好坏已经无所谓了，重要的是每天有事情可做，可期待。这老板不抽烟、不喝酒，也不品茶。每天除了临摹毛笔字帖，还读唐诗宋词，见到谁都很谦卑地微笑点头，算是打招呼。

秋日的微风，絮絮地吹着，湛蓝的天空，飘浮着大朵大朵的白云，河边垂钓的人们，依然端坐着。面对这粼粼碧水，眼睛却只盯着垂下的那一丝鱼线。那么专注、那么持久地坚持着，这简直就是一种修行啊！

还没走到那个小树林，我已经被各种鸟鸣吸引了！匆匆地跑过去，原来是几个爱养鸟的老人，在晒自己的小鸟。他们把鸟笼挂到低矮的树枝上，让小鸟欢快地闲话着。真的很羡慕他们的那一份从容，那一份安闲啊。

　　建立起你自己的精神王国，培养你自己的一份爱好，到你老的时候，你不仅可以做到老有所依，还能做到老有所乐！每天带着一份快乐，带着一份安闲，做自己喜欢的事情，多好啊！

　　再说，人生向来就有无限的可能，你怎么也要试一试，你除了做好本职工作之外，你还能做什么！"活着做遍，死了无怨"，喜欢什么，想做什么，从现在开始吧！

内心富足比什么都重要

你的身边有没有这样一种人,只要给他一个台阶,他就一定会想方设法爬上去,趾高气扬地审视你的生活,比如:你的穿衣打扮太怪异了,会影响整体形象;你的行为举止太奇葩了,很容易造成别人的不适;你的说话谈吐太随和了,很容易让别人看轻你。之后,他会给你举例子,比如他的某个朋友、某个同学、某个亲戚之前就和你一样,然后现在怎样怎样了?

刚开始的时候,你觉得他是一个很靠谱的人,觉得认识他是三生有幸、相见恨晚;后来,又慢慢地发现,他的故事其实都是听来的,他的道理其实是编出来的,他把他的猜测用确实发生过的语气来告诉你,并且,从未想过为他说的话负责。

利先生很健谈,很幽默风趣,很多朋友都喜欢跟他一起玩,但往往只有三个月的交情。三个月之后,偶尔联系一下,或者宁愿直接拉黑。

A先生说,上半年股市看涨,他看好了某只股票,知道利先生也有炒股,就想问问他的意见。利先生先是吹嘘了一下自己是老股民了,炒了七八年的股,虽然没有挣大钱,小钱还是挣了一点。花了十分钟的时间研究了一下A先生选择的股票,劝他别买,一个月内肯定跌。然而,那只股票一直蹿红了三个月,三个月后,A先生已经放弃的时候,利先生说可以买入了,买后不到一个星期就被套了。后来,A先生才知道,利先生根本没玩过股票。

B先生说,几个月前他认识了一个叫C总的采购商,在九月家电淡季的时候，C总说他在某个楼盘接了一个大单，要向B先生采购一千多万价值的品牌空调，B先生惊喜后也疑虑过，C总凭什么找他要空调？利先生打消了B先生的疑虑，他说他阅人无数，看C总的面相就值得合作，他自己也准备跟他合作，C总肯定是一个可靠的老板，哪怕是先付30%的订金出货，也不会有问题，倒是错过了，就是上百万的损失。后来，B先生才知道，利先生根本就不认识C总，更没有跟C总有过商业合作，这让B先生损失了百余万。

F小姐自己开了一家贸易公司，受整体经济形势不景气的影响，业绩下滑濒临破产。去年九月份，她接到了一个Offer，是一家世界500强企业计划的高聘，因为计划在T城开设一家分公司，她多年没联系过的大学同学推荐她去当分公司总经理。F小姐很犹豫到底是去还是不去，利先生认为，F小姐自己的企业都做不好，她的同学为什么会推荐她，而且十几年没联系，凭什么推荐这么好的工作，其中肯定有问题。之后，F小姐拒绝了同学的好意，半年后，她的贸易公司宣布破产，她也失业了。而当初她拒绝的那个公司，凭借强大的资金支持及市场声誉，一年时间员工发展到两百多号人。

W先生也认识利先生，他说，五年前，他辞职创业的时候，利先生也对他说，放着年薪十万的工作不做，不是傻么？创业的前两年，W先生吃了大半年的泡面，经常发不出工资，对此，利先生说过无数的风凉话和所谓的金玉良言，后来，公司的形势日渐转好后，利先生又开始对外宣称，比如当初就是他鼓励W先生辞职创业，现在才能把事业做得红红火火；比如当初如果W先生能更听他的话，不把货赊给谁谁，现在肯定更辉煌。

W先生跟我比较熟，他跟我说，其实利先生本质并不坏，就是太爱以自我为中心了，总以为他看到的世界就是一切，总以为他尝试过然后失败的东西，就一定不可能成功。比如他曾经跟着朋友炒过股，蒙对了几只股票，就觉得自己是股神了；比如他曾和几个朋友一起策划过合伙创业，最后时刻退出了，恰好他们创业失败了，所以他觉得自己很有远见；比如他曾轻信了朋友在酒桌上的戏言，辞掉了工作后没被高薪聘用，所以对所有人都存有戒心。

其实，生活中，处处都有这样的人。从来没有创过业，看过几本商界大佬的回忆录，就开始对别人的梦想圈圈点点；从来没有成功过，只是听过几个成功的故事，就嘲笑别人肯定都会失败；从来没有享受过爱情的甜蜜，只是读过几篇爱情砒霜，便觉得他不认可的爱情肯定不会有好结果。

人，真的简单一点更好，站在低位的时候，不必假装高人一等；站在高位的时候，更不必觉得高人一等。真正成功的人，绝不会对充满梦想或者正在走向成功路上的追梦人颐指气使，更不会朝他们充满梦想的肚皮上划上一刀，讽刺、批评、教育过后，却从不给伤口缝合。

内心富足的人，鼓励是真的、微笑是甜的，只有那些内心空白的人，才会装出一脸世故，才会假装自己什么都知道，才会害怕大家发现他什么都不知道！

人生就是一场自我修行的过程

你要认真吸取流水年华的经验

从容地向青春时光告别

你要培养自己的精神力量

以抗击突如其来的不幸的打击

——美国作家MaxEhrmann

[等出来的是命运，拼出来的才是人生]

我的朋友莎拉要结婚了，她是很优秀的那种女生，会多国语言，写一手好文章。在得知她的婚讯前，她还一直声称自己是不婚主义。这并不是一个灰姑娘遇到王子的故事，因为我的朋友不是灰姑娘，男方也不是王子。

莎拉受过良好的教育，家境也还算富裕。大学毕业之后找了一份自己喜欢的工作，每时每刻都非常拼命。男方不是豪门，父母都是工薪阶层，但他白手起家，开创了自己的事业。莎拉去旅游，他会提前订房间，让服务生将玫瑰送到手中，晚餐送到房间，出门为她叫好车。最重要的是，朋友喜欢电影，男方甚至愿意提供她去进修的费用。对女人来说，还有什么比支持自己成长进步，成为强大的助动力更让人心动的呢？

莎拉的女友们都为她找了一个如意郎君而惊羡不已。而她们也深知这一切都是莎拉的努力在先，如果不是这个先生，也会是另外一个让人称心如意的爱人。当你足够好，就会遇见他。

因此对女人来说，在未来的一切都是未知数的时候，就要努力工作，不断学习，乐观向上，亦安然等待。只有把自己先升级为女神，才有机会遇到真正的男神。

每一位成功男士背后的女人也一定具备高智商，强大的气场，良好的修养和教育背景。在没有遇到他之前，请拼命蓄积和修炼人生各种无形的财富吧。

[受人支配是因为你不知道自己想要什么]

不明白自己的需要，没有明确的目标，女人就会像无根的浮萍，任凭雨打风吹。那些独立强大、活得精彩的女人一定是过早就明白自己的需要，然后一步一步实现目标的人。

在遇到自己的Mr.Right之前，瑞秋曾独自走过一段荒唐的路。那时她刚与前任男友分手，生活一下子失去重心，她极度孤独寂寞，抑郁痛苦。因为在此之前，她从未有真正面对自己一人的时候，习惯了二人世界的相互温暖、依靠，瑞秋感到自己像突然被抛入黑暗的无底洞。

她自我放纵了几个月，和自己并不喜欢的男孩约会，只为排遣寂寞；一个人到酒吧买醉，在早上醒来看着镜子里憔悴的自己徒劳地回想昨天的事；在每个阳光美好的休息日从早晨睡到傍晚，不敢一个人出门。这样的生活持续了几个月，直到某天她打开电视机看到一段对白，剧中的妈妈对刚刚遭遇丈夫出轨的女儿说，你外婆付出生命的代价让我学会自强不息，找到自己的尊严，而我多年秉承的坚强品质却并未传承给你，我只在你身上看到软弱。

那个故事讲述了一个嫁入豪门的女人，在婚姻中多年对丈夫和他的家人言听计从，已经完全没有了自我的女人。当有一天她问丈夫晚饭要吃什么的时候，听到一个声音歇斯底里地对她说，我想听一听你自己的声音，你自己在哪儿？

当一个人内心的需求和目标并不是特别强烈、特别明确的时候，就会受周围的声音支配。这样的后果不仅仅是失去自我，失去尊严，最可怕的是失去独自飞翔的翅膀和保护自己的羽翼，因此而全盘依附他人。

因此女人一定要趁早明白自己的需求，趁早确立明确的目标和严格、精确的路线，一丝不苟去执行。可以去爱人，但以爱自己为前提；可以沟通彼此的需求，但首先让自己开心；可以成就彼此，但你要首先达到巅峰。不要等到丈夫、孩子都功成名就的时候，却在人群中找不到你的影子，辨认不出你的模样，听不到你的声音。谁让你永远是配角，谁让你永远说自己什么也不需要，谁让你牺牲自我成全别人。每个人都要努力活出自己的价值，你才会是一个完整、独立、有尊严的人。

[拯救你的并非王子，而是你自己]

黛丝拥有令人称羡的职业、优越的生活和帅气的医生丈夫。结婚五年，生活安稳舒适，然而她却感到迷惘，不知道自己真正想要的是什么，身处的熟悉生活的安全网也让她感到疲惫不堪。用她的话来说，从十五岁到现在，我就一直在恋爱、分手、再恋爱、再分手，似乎从来没有真正为自己活过。

她在人生的十字路口上，选择走出自己的舒适安全的世界，不顾一切地改变已拥有的生活，踏上一段漫长的旅程去寻找、发现自我。在旅行中，她发现了真正的喜悦，例如，单纯放纵自己在意大利享受美食，或在印度体会到祈祷的力量，最意外的是，在巴厘岛遇见让自己内心的平静和平衡。

大多数女人在很小的时候曾以为自己长大后会是儿女成群的妈妈。但在结婚后她才发现自己可能既不想要小孩，也不想要丈夫。到底女人人生的价值在哪里？黛丝在意大利、印度、印尼三个不同国度之间寻找自己——到意大利品尝美食，尽享感官的满足，在世上最好的比萨与美酒的陪伴下，灵魂就此再生。在印度，与瑜伽士的接触，洗涤了她混乱的身心。巴厘岛上，她寻得了身心的平衡。在这一整年地追寻快乐与虔诚之间的平衡中，她终于发现："拯救我的人，并非王子，而是我自己在操控我、拯救我"。

人的一生是不断学习、更新和超越的过程。这不仅仅意味着对知识的学习，更多是生活经验、生命体验的积累和思想认知的完善、更新等。黛丝在探寻自我的路上付出了一些代价，但是也找到了自己。我们现在所拥有的经验来源于对以前所犯错误的总结。女人在通往自我发现、自我完善的道路上，只有不断地学习、不断地进步，才能够超越昨天的自我，成就真实圆满、身心平衡的自我。

努力的人，内心都很平静

[1]

那天下着瓢泼大雨，我踩着点惊慌失措赶到公司。那是我实习的第一天，生怕迟到，急匆匆地将自己淋个半湿，状况糟糕透了。

当时，文哥坐在办公室一隅喝着茶水。热腾腾的雾气，弥漫着窗台，营造出一份淡然。见我狼狈如斯，递给我一沓纸，嘱咐我当心着凉。那淡淡的问候，暖彻心扉，记忆犹新。

经过一段时间的相处，渐渐发现文哥如传言那般，不管环境多么糟糕，都仿佛不受影响，捧着一本书好整以暇地阅读。他的安静，仿佛对生命躁动的安抚。

有一次，由于甲方需求，要求改动程序，我们不得不加班。同事们怨声载道，工作状态很消极。因此，那个加班的夜里，小错误频繁。但任务轮交至文哥手中，所有问题迎刃而解。

我们很羡慕他那份临危不乱，编码在他的手中仿佛拥有了生命力，所有的逻辑都变得条理清晰脉络分明。我曾问他，赶项目时被经理催促，内心难道不焦灼么？

文哥向我解释道：反正事已至此，忙也无济于事，倒不如静下来安心思考。要知道心一慌，想法就会乱。思绪一旦乱了，思维就不清晰，到最后你无非是浪费时间。

在遇到难事时，要尽量保持内心的平静，那才是解决问题的捷径。然而那种能力并未天生拥有，而是你后天努力的结果。

[2]

文哥父亲在菜市场开家二手书店，很多时候书就像菜一样，以斤两论数。打小文哥就学会在嘈杂环境下如何迅速地计算价钱。

由于母亲走得早，文哥十分懂事，明白生活的不易。放学回家，就帮助父亲干活。可无心插柳，年幼时的努力，渐成了习惯。长大后，他比常人更能静心工作。

所有的事情都并非一蹴而就。别人羡慕他的拥有，却不知背后吃了多少苦。

除了卖书之外，父亲还帮别人写对联赚外快。生意好的时节，店里常忙得不可开交。在父亲耳濡目染的熏陶下，文哥对书法有了兴趣。在喧嚣的环境中，他提起毛笔，字迹渐由稚嫩变为成熟。

他开始帮父亲给人家写对联赚钱。在别人眼里，他不仅学习成绩好，而且写得一手好书法。别人认为他幸运，但却不知他曾为了生计付出过多少努力。

台上三分钟的精彩为人称道，可台下十年功却鲜有人感慨。没有哪个人的幸运是轻而易举的。除了毕生努力，哪有什么天生幸运。

看着文哥平静而认真的样子，我不禁发自肺腑地感慨，你平静的心态要配得上你付出的努力，也值得拥有你所需要的那份幸运。

你该学会平静，面对人世坎坷，挫折与光荣，

[3]

我认识一位老人。五十岁那年，老伴患病去世，他成了鳏夫。儿子常年在外打工，年末方回家一趟。那段日子，他过得很忧伤，如同祥林嫂那样，逢人便讲述他的悲惨遭遇。

渐渐地，别人听厌倦了，对他爱答不理，背地里常取笑他窝囊废。老人听后，也曾愤怒过，捶着墙壁痛哭。可是事态没有变好反而糟糕，猛然发现所有的抱怨都无济于事。

那时，村大队需要一名守山人看护经济林。于是，他报名了。在别人的啧啧声中，他平静地签下合同，微笑地面对嘲讽。可所有人没想到，他这一守就是二十年。

二十年很长，但同样也很短。时间掩盖了一些，磨光了他的脾气。让一个浅薄的抱怨者学会用平静的内心对抗现实的残酷，让他逐渐丰满成一位智慧的老者。

我曾问他，在那段艰难岁月，曾放弃过，但为何又挺了过来呢。老人告诉我说，不想下去后让老伴笑话他活得窝囊。如果一旦放弃，那生命还有什么意义呢。

在生命艰难的时候他顶住压力，选择努力去面对，让他收获一份淡然。努力活着，你将不再专注悲伤，不再自怨自艾，不再抱怨命运坎坷，你将收获一份对生活平静相待的感悟。

[4]

每次出去逛街，常会遇到那么一类人，他们拿着手机，边走边喝骂。有的甚至高声抱怨社会不公。但愤怒如果有用，那要努力又有何用。

与其浪费时间发泄，还不如端正心态努力生活，让自己离梦想更近一些。

"宠辱不惊，闲看庭前花开花落；去留无意，漫随天外云卷云舒。"

我很佩服那些人，他们不把情绪带到工作上，对生活很较真，并且能不动声色将事情做好。很多时候，他们的行动往往多于抱怨。所谓的成长，也就是那么一个将锋芒内化的过程。

老人曾对我说：你对生活付出的努力，将会滋养你，温暖你，并且丰满你的气质。然而，一个内心平静的人气质也不会太差。对生活认真的人，他们的目光往往笃定。而懒散的人，他们总是会被困厄而慌乱阵脚，最后病急乱投医。

生活不会亏欠你的每一份努力。如果未及时到来，你也别着急。可能是因为堵车了。在孤独的岁月里，你该学会独自前行，并且懂得耐心等待，用平静抗衡世界的兵荒马乱。懂得节约情绪成本，你才会更快地成长。

愿你活得很努力，对生活平静相待！

[能力提升了，机会也就多了]

"不懂就问"应该是上学时期老师最爱跟学生讲的一句话，这句话在走进职场以后同样适用。很多企业愿意要上手快的毕业生，一方面看重他自身的领导能力，另一方面看重的就是沟通能力。

在一家媒体工作的小A，专业基础不是最好的，在随后的采写稿件过程中遇到的问题也就不少。她常常在稿件中加入主观感受，这无疑与新闻的客观性要求相违背，因为她的想法与领导不一致却又想搞清楚"为什么不可以"，因此发生了很多的讨论机会。再比如，消息电头的不同写法，她也会去请教老师，有了选题思路更愿意跟其他老师分享，交流心得。

小A还有一个很大的优点，那便是她喜欢打破砂锅、刨根问底，花很多的时间去搜查资料。尽管撰写稿子可能并不需要这么多内容，但她还是会通过书本、网络或者周围的朋友、同学去请教某个问题或知识点，时间长了，无形中拓宽了她审视问题的思路；遇上集体讨论问题，大家经常能够听到她一些独到、创新的见解，视野广阔不拘泥于现有格局。

有时候一篇稿子很急，记者的"搜商"就变得极为重要，即在短时间内如何能够获取到自己最需要的信息。小A的搜商很高，即使工作很多，她看上去也是一脸悠闲；即使是棘手的或从未触碰的选题，她也不会表现出忐忑，脸上永远是满满的自信。

这也就是小A细腻的一面，她会把工作中发生的值得回味品读的精彩片段记录下来。在新闻报道中，捕捉细节来展现人物个性、事件主题思想，需要记者具备很好的观察力，同时在采访中引导被采访对象展现出他本来的"模样"或者遮盖在事件下的原貌，这样的文章才会好看好读。

在工作中，谁敢于承担、敢于表现，谁就是赢家。俗话说，机会总是垂青有准备的人。小A的勇敢、自信与细腻，让领导看到希望，每一次的被认可，又给下一次采访机会增加了筹码。这些机会是她的优秀工作成绩累积的结果，这就跟实习经历能够影响未来求职是一个道理。

去年两会，小A被指派去采访南方科技大学的校长朱清时委员，从主动要求接机到联系采访时间，都被朱校长一一婉拒。在两会驻地，她和工作人员几番"较量"后拿到了朱校长的房间号码。唯恐直接叩门打扰到他，打电话过去她又一次被拒绝，但默默等待的小A没有放弃，她坐在朱校长的门口开始偷听，并继续想办法。看到来送报纸的客房服务员，她便拿出一张便笺纸，写上："朱校长，您就让我进去采访您吧！"然后署上她的名字，从客服手中抽出一份报纸贴上去，放到那沓报纸的最上面。

可以想象，最后，她成功了，并且问了朱校长4个"最后一个问题"，长聊了29分钟。

当梦想照进现实，为了到达理想的港湾，我们需要做的是好好审视自己，以及自己的工作环境，努力提高自己的能力，并懂得适时地表现出来，让别人看得见你的努力与进步。当然，人不是一剂药下去就可以改变自己的，也不是一件突发事件可以改变性格的，而是需要日积月累地与自己斗，不断地给自己念"紧箍咒"。所谓"吹尽狂沙始到金"，是垃圾，是泡沫，抑或是金子，就让时间做出最公允的评判。但前提是，你得先把内功修好，要揽瓷器活儿，还得先有金刚钻！

[想要不糟糕的人生，你就得每天有进步]

有时要感谢生命中碰上那几位很极端的人，给我很好的写作灵感。看他们摆荡在无边情绪中时，我就自然会处在自我检讨中。

虽然我也不是一个完全理性的人，但我很怕的是某种无所作为的感情泛滥。

只活在一种没有出口的情绪当中，然后，把哀号与抱怨当娱乐。

她就是个中翘楚，小我几岁，但也早就是中年了。

她抱怨着她的干眼症。因为医生说，有干眼症其实是年纪大了的老化现象，也是前更年期的现象。

她说着说着竟然哭了："我好担心我的生理期再也不来……"

"请问，你担心更年期它就不会来吗？"

"当然不是……"

"那你为什么要担心成这样，它总会来。"

"我不相信我老了……"

"不管你相不相信，老都会来。"我说。

"你这个人怎么这么冷酷？"

"我……"我又气又好笑，我还比她大，如果我真的要烦恼的话，应该可以登上比她更值得安慰的优先顺位吧。

"我的白头发越来越多了……"她继续哀号。

"我——也——有。请问谁没有啊？"

"我得染发，有白发留长发就不好看了。"

"我早就在染了。"我说。而且我自己染得又快又好。

而且，光是干眼症，她不止哭一次，白头发滋生也哭过两次。

"我每次哭，都会有女人陪我哭，你不是女人！"

"奇怪，为什么要哭？要让我哭，还真不容易！"

真抱歉，每个人的泪水用法都不同。我通常会在感动于某些人，尤其是他们不顾一切的向上精神时，泪湿眼眶。我确实不太喜欢跟人一起"楚囚相对"，一起流不争气的泪水。

这不是我的人生，如果我从小就哭完算了，抱怨完算了，哀号完算了，那么我现在的人生再怎么糟也该认命算了。

当她在诉苦的时候，好像觉得用泪水就可以解决所有问题。也许，她习惯于将泪水当作武器吧。她的确用泪水得到许多，也许她从小貌美，知道当一个"我见犹怜"的女人，可以从英勇的男人那儿得到很多。

我就是没有这个福分啊。

我知道唯一有用的是解决问题。泪水或许可以央求某些人的怜悯，让别人见义勇为帮你解决问题。但你不会成长。

某一阵子因为工作的缘故，我必须规律性地见到她。

举凡儿子顶嘴，老公讲"我爱你"时不够诚恳，别人家的狗生病了，家里的亲戚住院了，她都可以哭得稀里哗啦，常吓到我。

因为她的泪水太充沛，我每次看到她，都越来越害怕。

还不只泪水让我害怕。她对别人八卦的探听欲也让我害怕。

"谁谁谁是不是同性恋啊？谁谁谁到底有没有小三哪？"她问的都是我认识的公众人物。

"别人的私事，不关你的事。你认为我可以回答吗？根据我的职业敏感度？"

虽然，我老是这样回答，她却总是不厌其烦，也不怕碰软钉子。

"你这个人怎么这么不近人情？"她碰到软钉子时会这么说。

我只能说，她大部分时间不必工作，有人奉养还真的是很幸福。人在江湖，舌头岂能真的放肆。

如果，一定要有泪水、讲八卦才是女人的话，就当我不是。

在我的印象里，由于衣食无缺，幸运的她只有靠"讲话"来生活，从来没想过要解决任何问题。

直到我离开某个工作，不用再看到她的泪水，我觉得人生的障碍少多了。

这一种是比较极端的泪水腔肠动物。

另一种腔肠动物更多：人生没有进步的原因是总把问题往外面推，从来不肯亲力亲为思考解决。从来没有相信过，自己可以改变些什么，未曾想过只要我自己做什么，我就会比较快乐，只每天想着只要别人怎样……我就会快乐了。

这样的人不少：像感情的腔肠动物——就拿海葵来说好了，一碰到外在有状况，马上把自己蜷缩起来，兀自紧张、痛苦、焦虑，躲进某种不动状态中，不移动，有什么反应什么，过了几千万年也没有什么进化。

腔肠动物，是一种一直自愿停留在低等动物阶段的动物。

有时想想，过了半生，我也许也没有活得太好，但至少没有变成自己讨厌或害怕成为的那种人。

如果这是全世界人的问题，那就不值得烦恼，因为你烦恼也没用。

任何问题都不必用来做情绪上的自虐。应该想的是：是不是可以解决问题。

如果这问题不可能解决，那么，就只好接受那个问题。然后，企图让自己过好一点。

任何经营者最害怕的一种员工就是，几乎都没有思考怎么办，就马上反应的员工。有的，并不只反应现实问题，还会马上反弹，反弹的都是情绪性问题，比如"万一""如果""可是"……

他们想的是"万一怎样，我可以不必负责""如果怎样，就做不成了""可是一定有什么事，阻止我完成"……

他们创造的问题比解决的问题多，却抱怨着自己是千里马没有遇到伯乐，良臣没有遇到明主。

我也看到许多人"勉励"年轻的孩子，最好二十岁就要立志找到一个有保障的铁饭碗，这样就可以安稳终老，用同一种反应、同一个方式活下去。换一种正面说法，叫平安是福、知足常乐，像腔肠动物一样简单地吃喝拉撒睡，却没有体悟到：这几十年的人生没有进步就是一种退步，浪费得奢侈且可耻。

或许每个人的人生有他自己的任务，但腔肠动物——当外在环境剧烈改变时，它只能安静地坐以待毙，并无任何选择。

不要被泪水淹死啊。

人生，一直在找出口，找生路，找解决方法，当然也很辛苦，但是，如果可能，我仍选择如此。

一生靠自己挣来，岂不是最畅快的吗？

谁的青春不曾烦恼

我很喜欢美剧《生活大爆炸》，里面有句台词很经典：世界上只有一种饼干，中间夹有能解除人生烦恼的东西，它的名字叫奥利奥。

此后，我吃奥利奥，觉得所有烦恼都可以被吃掉。拿起一块夹心饼干，我总会不禁意想起那个非要完成"扭一扭舔一舔泡一泡"所有步骤的年幼的自己，以及明知不可能再有还念念不忘的童年乐趣。这时我会产生一点点情怀，但显然不是指胸怀或者某种文学情致，那是一种心境，连接我们与过去，又在现实与我们相遇，就好像完成了一个对别人无关紧要，对自己却颇有意义的仪式。

最近在看猫语猫寻的《我不愿让你一个人》，在她的文字里，大概就有这样的奥利奥夹心，不管是奶油味的，还是牙膏味的，都是属于自己的意象和情怀。作为读者，我并不知道故事会讲到了哪里，只是跟在一只猫身后，等待她偶尔的优雅转身。

不同于我在网络上认识的那个笔下似有聊斋见闻的猫语猫寻，她在这本书里甩开了奇诡的行文风格，转而用细腻平实的笔触去感知世界的温暖有力，一次次咀嚼回忆挖掘生活。她对亲情有一点执着，对诗歌有一点偏爱，对青春和梦想有一种清醒和痛苦，但她又并不因这种清醒而感到煎熬，也不因痛苦而陷入寂寞。

她写"好好享受一个人的生活，好好享受一个人待着的时刻，无关乎名利、金钱，只是青春里特有的气息"的时候，我很想跑到她的朋友圈去点个赞。

记得进大学的第一个平安夜，班长用班费买了苹果，然后跑到女生宿舍楼底发给大家。这是我平安夜收到的唯一的礼物，想来还有点心酸。在这个连清明节都能被情侣当作情人节来过的社会，我是一枚"单身狗"的真相，也就不言而喻了。现实正如猫语猫寻写的那样：与其说我过着我自己的青春，不如说我活在别人的青春里，而我的青春正躲在一边生气呢。

少年滋味，总有脱离柴米油盐的轻狂气质。试问谁年少时不曾向往非凡的经历，不期待少女漫画里的爱情，或者不希望有一天可以征服银河系？

平安夜那晚，我和隔壁宿舍的妹子跑去楼下小超市买了啤酒、鸡爪和花生米，然后齐齐盘腿坐在黑漆漆的篮球场上大喊干杯。从班级八卦聊到世界和平，从清醒自嘲到微醺傻乐，越来越沉的夜色和即将到来的宿舍门禁时间都拦不住我们想要跟这个世界谈一谈的冲动。

话又说回来，虽然我的学生时代过得并不精彩浓重，没有谈过什么恋爱，没有在宿舍偷偷煮个粥吃个火锅，也没有醉得不省人事或者代表月亮消灭谁，但青春这东西不管是什么口味，总是弥足珍贵的。

浪漫和空想，天真与善良，构成少年意气，创作出的是一幅莫奈的《日出·印象》，虚化了世界原本的色彩，让朦胧和光晕烘托出青春的主题。连烦恼都很纯粹的年少时光里，不管岁末的夜多么寒意慑人，我们都能凭借对未来的畅想保持发烫的体温。

如今，我们有圆滑世故的部分，是因成长而对世界做出妥协；我们有棱角分明的部分，是为坚持自己而画下的底线。我们对孤独与青春的顿悟仿佛是一瞬间完成的事情，就像我们时常以为长大也不过是一夜之间的改变。走过的弯路无人会在意，失去的珍贵也只有自己心里澄明，心里的力量就这样慢慢积蓄，驱动我们前行去寻找更好的自己。

毕业后的某天，我加班加得丧心病狂，晚上下班时果断与一道加班的同事去觅食，犒劳自己。我沉默着坐在车里，看整个城市的霓虹流光倏然涌进来，脑子被放空。此时我坐身边的同事停止摆弄手机，转而抱怨手机里的windows系统是多么不好用。

我问她："明知系统不怎么样，干吗还要买带这种系统的手机？"

她笑了起来，瞬间从女汉子变身为文艺小清新："因为它的名字是诺基亚啊。当时买，有一种情怀。"

她的话轻轻叩击在我心上，叫我暗自感叹那个被戏称为从十几楼摔下来都不会坏的手机，永远被留在了我们最恣肆狂妄的学生时代。随着诺基亚的惨淡谢幕，我们那些在上课时偷偷发短信、周末打电话问作业答案的美好时光，遗憾地，再也回不去了。

"那一年我九岁，我体会到了一种叫作遗憾的情绪，那是一种让人揪心又痛苦的情绪，就如同我想在果园里摘果子给她，但那刚刚才是春天，果树才刚开始发芽。"这句话，是猫语猫寻的书里我最喜欢的一句，它像一把温柔的风刀撕开了沉闷空气，让新鲜的疼痛充盈我眼眶。

我就是这样，会被文字或影像勾起回忆。

于是我认真地闭上眼想一想，脑海里那些产生回响的事情，大多不是一场痛快的杀伐决断，也没有人来人往的热闹喧嚣，更不会有排场非凡的宏大画面，它时常以一种清淡的、幽微的、不可明言的姿态出现，或许是一种令人心动的书香，是一道并不美味的小菜，是午后穿云而来的阳光，是不小心微微上扬的嘴角，是叫人能清晰感知却偏偏抓不住说不清的喜悦。

也许这就是我们的青春，无论好坏，无论急缓，都会被怀念，都会被遗憾。

不觉，想学稚童那般摇头晃脑背两句苏子的词：雪沫乳花浮午盏，蓼茸蒿笋试春盘。人间有味是清欢。

普通人也能有独一无二的人生

[1]

这样的人生，你接受吗？在某天早晨被闹钟叫醒，看着家里普通的家具摆设，想着等下要挤公交车或者挤地铁去上班，算着这个月要交的房贷、水电燃气费和生活费，看着镜子里长相平淡无奇的自己，有没有一种想流泪的冲动？

英国本届女首相的就职演讲中有段话是这样的：

如果你来自一个普通的工薪家庭，你的生活远比威斯敏斯特的很多人所意识到的要艰辛得多。你有一份工作，但你并不总是有工作保障。你有自己的住房，但你为偿还贷款发愁。你勉强维持生计，同时不得不为生活开销和将子女送入好学校忧心。如果你正是这样的家庭之一，如果你正在处理这些问题，那么我想直接告诉你：我知道你正在没日没夜工作，我明白你已全力以赴，我也理解生活有时会很艰辛。

她道出的这段普通人生活的艰辛，戳中了包括我在内很多普通人的心。所以，我们奔跑、奋斗、仰望、努力，期待着有朝一日摆脱普通人的身份。毕竟，谁不想做一个人生的赢家呢？

可是，你有没有想过一个问题——如果这辈子都只是个普通人怎么办？也许奋斗十几年，依然没有卓越不凡、与众不同；仍然做一份普通的工作，过一份普通的生活，这样的人生，你能接受吗？

[2]

几个月前,有个读者给我留言,说自己是一名普通的女大学生,每天都活在自卑和迷茫中,内心十分痛苦,不知道出路在哪里。

这条留言让我看了心疼。这个现实世界,还有很多人内心都有一种身为普通人的自卑。曾经的我也是。

那年,母校七十周年校庆,办得十分隆重盛大,邀请了国内外许多校友。校友名单中,有很多外交官、很多公司的总裁、很多知名的电视媒体人,还有很多出色的翻译官……

我当时是校庆志愿者,那几天,看了太多被人群簇拥着的成功人士,了解了很多前辈校友们的辉煌成绩,也见识了他们的风度、气质、谈吐。我终于承认人和人真心是有差距的,那份差距让我感到作为一个普通人是件很自卑的事情。

整整一年,我都很自卑,也很努力。学习、兼职、健身,是那一年生活的主旋律。我迫切地渴望着成功,摆脱普通人的身份。虽然那时候,我也说不清楚,到底什么叫作成功,我只是希望,自己不要做湮没在茫茫人海中的普通人。

[3]

研二那年,我通过了选拔考试,去了匈牙利实习工作。我有一个很喜欢的学生,叫卢叮卡,这是我给她起的中文名字。这个匈牙利姑娘很聪明,也很有思想,对学习很认真。她有一个双胞胎姐姐,很开朗的一个姑娘,但她左手是残疾的。

有一次，卢叮卡邀请我去她家吃饭。在她和姐姐一起租的小公寓里，她们给我展示了许多她们做的各种各样的手工作品。

尤其让我惊讶的是卢叮卡的画，还有她姐姐的手工饰品，似被赋予灵魂一般，很有灵气，彰显出一种很强的生命力，这是很打动人的地方。我不敢相信，这竟是出自于两个普通姑娘之手，且姐姐左手还有残疾。

她们的生活很普通，每天学习、打工；在家共用一台电脑，很少上网，空闲时间全都贡献给了她们的兴趣爱好。那些手工作品，是心中很有爱的人，才能做出来的。

看着这对姐妹，作为独生子女的我非常羡慕：她们很多小的细节，都表现出默契和对彼此的关心。房间里的摆设、她们的言谈举止、那些手工作品，都在无声地表达着她们对生活的热爱。看着她们姐妹俩富有感染力的笑容，我突然明白——平凡不意味着平庸，普通不意味着不幸福。

那一年，我独自去了欧洲很多地方旅游，路上遇见了很多有意思的普通人。有工作五年辞职跑到巴黎去学厨艺的湖北男孩，有在巴塞罗那开华人旅馆当导游的青岛大叔，有研究生辍学去当独立摄影师的新疆姑娘……

不知从何时开始，我不再自卑于自己是一个普通人，而是渐渐领悟到——不论成功与否，我们都是普通人，说普通话，做普通事。决定我们是否幸福快乐的，并不是我们的身份。

[4]

如今，成功学那么盛行、励志学那么风靡，很多人都追求"更高、更快、更强"的人生。似乎，普通人的人生糟透了，一定要用金钱、物质、名利向别人证明什么，来保证生活的安全感。似乎，没有一个人甘于普通人这个身份，我们都不愿过普通的人生。

和朋友聊天，他说，现在最害怕的就是变得普通，然后还默默接受了这样的生活，然后习以为常。他告诉我，他想走一条不一样的路。我问他，什么是不一样的路，他含糊其辞。这条路是什么样的，他并不知道。但因为这样的想法，他一直活得郁郁寡欢。

渴望成功没有错，希望自身获得发展也没有错，但是我们的确应该正确客观地认识自己。是的，一个才智普通、天赋普通、家境普通、际遇普通的人，在有限的生命里，有太多的不自由，有太多事想做但做不到，有很远的梦要追却追不上。

可是，很多时候生活的本质是平淡和坚守，而平淡和坚守里有着持久的欢喜。不然，为什么在疲惫的工作后回家看到孩子纯真的笑脸时，会觉得开心；在寒冷的冬天里，和一帮老友坐在一起大口吃火锅时，会觉得高兴；在看到经过长期坚持锻炼出来的好身材时，会觉得骄傲；在遇到困难时，获得许多朋友的支持和帮助，会觉得感动；在失意低谷时，有父母和爱人不离不弃的鼓励和陪伴，会觉得幸福。

这一切，与是不是普通人，没有关系。人有梦想是必要的，有不断进取的心也是必要的，但也应该有脚踏实地、接受自己很普通的勇气。

有了这个勇气，会慢慢懂得，怎样以一个普通人的身份，去活出属于自己独一无二的人生。更热爱生活，活得更充实，内心更有智慧，精神更为富足，才是我们值得追寻和探究的。

想要活得游刃有余，你得学会聆听

[1]

大多数国人应该都对武侠小说中"天下武功，唯快不破"这句话颇为熟知。并将它的道理自然而然地代换到生活中：

只要我够犀利，够迅捷，花样百出妙手回春，让人们在我魔术般的表演跟前心醉神迷，然后我就收获源源不断的功名利禄了。

可生活中的实际情况是否真的就是这样呢？我们不妨看一个很鲜活的例子：

我的一个朋友，是地方上有名的主持，有一次单位让他去跟某企业洽谈项目合作事宜，结果还碰上了一个竞争对手——另一个公司的客户经理。

和我这玉树临风，妙语连珠的朋友相比，这个素不相识的客户经理就显得异常朴实，甚至有些木讷，完全不像纵横职场的生意达人。

可甲方和他们两人分别进行了沟通后，最终放弃了我朋友的提议，选择了那个看上去波澜不惊的对手。

事后朋友很郁闷：我当着一票老总和职业经理人的面，心不惊肉不跳，口若悬河娓娓道来，把己方的优势叙述得淋漓尽致，既无语言漏洞，也没失常表现，可怎么最后就不是我呢？

当时我听完就多长了个心眼，觉得事情恐怕没那么简单。

之后通过一个偶然契机，了解到了事情的真实情况：朋友颇有风度，很能言善辩，给甲方留下的印象也非常好，但他过多偏重于自己优势的挖掘，并没有将甲方的需求挖掘透彻——更为致命的是，董事长表达了一种诉求，可他全然没理解到位。

反倒是那位不起眼的竞争对手，不多言不多语，却很巧妙地把握住了甲方的心理需求。

这两位，一个说得比听得多，一个听得比说得多。

诚然，口才本身是非常重要的，否则苏秦张仪之辈也不会被推崇至今。

古希腊时期，辩论课程就已经是国民教育的重中之重，能言善辩的人总会给人带来独特的享受。

但它毕竟是"器物"层面的技能，口才之后的很多禀赋与特质才是真正的核心。就好比一套简简单单的太祖长拳，在乔峰手中就能打得威风凛凛、气贯长虹，而其他武林群雄却怎么也演绎不出那种"虽千万人吾往矣"的霸气。

潜藏在口才之后，正是深度倾听的能力。坦白地讲，这是一种尚未普及的能力，而且也不是一朝一夕就能练就的能力。

它依赖于一颗深厚温润的心灵，一双灵巧机敏的耳朵，一种心领神会的悟性。

我们身边能说会道的太多了，但真正将其转化成累累硕果的又有多少呢？下面就从三个层面讲讲深度倾听。

[2]

第一层，听话。

这个看似简单，实践起来真不容易。因为我们身处一个信息极度爆炸，社会快速转型的时代，无论网络上还是生活中，我们根本没有耐心去听对方说什么。

人人都急于表达，让全世界聆听自己的声音，可却没想过：我们该怎样聆听别人的声音？我们能否稍微调慢下万马奔腾的思绪，屏气凝神，汲取下其他生命体的精神能量呢？

而且，心灵的沉静，对他人足够的尊重和包容，绝不是看一两本书，接触一两位高人就能形成的。这需要我们长年累月的学习，思索和总结，养外修内，最终达到一个和谐自如的境地。

什么是有义化？崔永元说得好：宽容、尊重，便是有文化。同埋，宽容别人，尊重别人，就是"听话"的最优先决条件。

[3]

第二层，听音。

先辈们常说：听话要听音，不仅要听对方表面的言辞，还要听出潜藏的深意。

现在看着一些95后的青涩举动，稚嫩言辞，第一时间就会想到当初的自己：为什么那时候领导和客户说个什么，我半天理解不了。

旁边同事们，要么尴尬得哑口无言，要么急得吹胡子瞪眼，最终换来的依然是我们的一脸懵懂。

那时候的我们，社会经验、人生阅历，以及处事情商等特质都处于一个浅表水准，很多别人能明察秋毫的事情我们就是看不明看不穿。

所以"听音"的能力，取决于个人的知识结构，以及内在沉淀的修为。

往小了说，这会影响我们个人职场的升迁，情场的得失；往大了说，这很可能改变一个重要事件,从而影响国家和民族的命运。

珍珠港事变前,美国情报机构全天候监控夏威夷日本间谍吉川猛夫的通话。可即便如此,珍珠港还是被日本海军给偷袭了。

而且,吉川猛夫并未使用任何暗语,在众目睽睽之下就把情报传到了日本国内。这是怎样做到的呢?

"嗨朋友,周日的夏威夷很闲适,天气很不错,万里晴空,我打算出去享受下海滩的阳光……"美国情报人员听到的,就是一段再寻常不过的朋友间的闲聊。可文章,恰恰就做在这里面了。

二战时期的空军,由于技术装备限制,在阴雨天是很难进行战斗作业的。"万里晴空"这个信息,无疑就向日本军方释放了一个偷袭作战的绝佳信号。

再加上"周日的夏威夷很闲适"这个信息,日方也知道美国海军会一如既往地进行周末休假。

遗憾的是,美国军方却忽略了对这些信息进行深层解读。于是乎,1942年12月7日清晨,珍珠港事变悄然降临,美国太平洋舰队险些全军覆没。

[4]

第三层,听心。

这点是最难的,因为它要求的不是卓越的智力,而是一种"仆从精神",一种我为您着想的深层意愿和内驱力。

很多美国企业,为什么很喜欢印度人全权打理他们对外的会议活动,商业事件呢?因为印度人具有高度的仆从精神,什么踏实、细腻、执行力强等特点,都不是最重要的因素。

关键就在于，印度人发自内心的仆从意识。他们完全了解美国人想要什么，甚至很多美国人自己考虑不周的，予以忽略的细节，他们都会在活动流程中予以重点照顾。

这些都做到了，客户一定会享有酣畅淋漓的极致享受——怎一个爽字了得！从今往后的商业活动，肯定都让你给包办了。

[5]

我们中国人不如印度人聪明伶俐吗？

肯定不是，甚至很多事情我们可以做得更好。

但为什么我们不愿做，甚至于不屑于去做？

原因就在于"仆从意识"的缺失。其实仆从本身，绝对不是一个贬义词，本质上蕴含的也是一种高度的服务精神。

但在我国当代诸多语境中，它早已沦为低人一等的代名词。

这纯粹是彻头彻尾的误读。服务，绝对不是低头哈腰，唯命是从，而是一种尽力为对方排忧解难，实现自身价值，为社会贡献正能量的方式。

广义上讲，我们每个人或多或少都担当了一些仆从角色。官员为国民服务，是全体民众的仆从；企业为消费者服务，是全体客户的仆从；老师为学生们服务，是全体受教育者的仆从。

所以说仆从角色，早已贯穿到我们生活的方方面面。仆从意识和思想，更不是所谓西方世界的舶来品。

刘少奇接见淘粪工时传祥时就说：我，是人民的勤务员；你，也是人民的勤务员。

更何况，老一辈领导人们早就倡导"我为人人，人人为我"。这句话，其实就是对仆从意识的深刻解读。

现代中国第三产业想要蓬勃发展，最重要的就是我们每个人树立高度的仆从意识，才能把国家真正建设成服务大国。

这个时代，智力茁壮成长，物质生活极大丰富，伶牙俐齿、口若悬河，让我们大感"后生可畏"的孩子也越来越多。

所以我们无须担心技艺、器物层面的问题，而更多需要关注文化、心灵的问题。

想要"无招胜有招"，以看似清风雅静的举止，动摇纵横捭阖的格局，那么请潜心练就深度倾听的能力。

它会注定伴随我们一生，让我们活得游刃有余，潇洒大气！

与其自寻烦恼，不如听从内心

[1]

我们在生活中遇到的大部分烦恼从某个特殊的角度来看，其实是一场有关"无私"和"自私"的自我搏斗。

当你的丈夫跷着二郎腿一边舒服窝在沙发里，一边命令你端茶倒水擦桌做饭的时候，你的"无私"告诉自己身为一个好妻子，即使辛苦劳累了一天，也应该为家人做一顿暖心的晚餐。

当你的老板在大年三十的晚上打通电话告诉你这个任务必须在今晚十二点之前完成时，你的"无私"告诉自己身为一个好员工，你必须在任何时间出色地完成任何任务。

当你的父母在志愿表上"都是为你好"地抹去了"中文系"、"艺术系"，而强行换成了"计算机"和"经济"的时候，你的"无私"告诉自己作为一个好孩子，你必须听妈妈的话。

但是在你听话懂事或者勤劳能干的"无私"背后，这么做并不能让你开心。

这些强行扭曲自身意志的事情像枷锁一样束缚着你的生活和自由，因为你内心的"自私"一直在嘶吼——凭什么？！

所以我们不得不正视一个最常见却无法得到解决的问题——所有的委屈

都是自我的。

如果一个人果真无私到能够从牺牲自己、服务他人的做法中获得快乐，他根本不会计较不公平和凭什么；

如果一个人果真自私到内心只装得下自己，他也不会有什么烦恼，因为他根本不会允许自己受一点点委屈。

[2]

可是作为大多数的普通人，我们并没有那么自私，也没有自己想象的那么无私。

我们的苦恼就在于：

我们一边假装无私地委屈着自己，一边在内心自私地替自己鸣冤；

一边屈心逆志地扮演着好伴侣、好员工和好孩子，一边忿忿不平地喊着凭什么；

一边顺从地付出着并牺牲着，一边不甘心地自怜着并痛苦着。

为什么一定要这样呢？你完全有理由更自私一点。

美国的心理学博士大卫·西伯里在自己的心理学著作中提出了"高尚的自私"的概念：

他认为现代人最大的苦恼，在于迎合和讨好他人的过程中渐渐失去了自我和实现自我的方式。

当然他崇尚的"自私"的概念，并非只知道满足个人私欲的极端的自私，而是一种更强调自由和自我存在方式的"自私"，以免自己沦为他人实现目的的工具，或者成为一个失去自我只会顺从的可怜虫。

[3]

其实我们只需要认清楚一个简单的道理，那就是所有装出来的崇高和无私最后都会以最自私的形式崩盘逆转。

一个长期任劳任怨的妻子，终于在某一天怒不可遏地将茶水泼向了一脸无辜的丈夫；

一个忍受了女友成天迟到的男生，终于在某一天把不知所措的女孩一个人留在了空荡荡的街头；

而那个被迫更换理想的小孩，终于在某一天把一张退学通知单寄回了家里……

今天强撑的懂事和理解，都为明天更深的不懂事和误解挖下了大坑，只是当所有人都不知所措的跌进坑里的时候，伤害已经无法弥补。

别以为假装无私的时候受伤的只有你自己，那些被你假意无私对待过的人，很可能在长期的纵容或者溺爱中，已经将某些超越原则的事情视为一种习惯或者常态。

他们在这样的常态里开心生活并习以为常，一旦你的牺牲和付出停止，他们的心态和生活格局也会发生严重的震荡：

那个已经把迟到当成习惯的女生，在下一段恋情中将失去那份"天经地义"的权利；

而那个被妈妈溺爱呵护的孩子，在集体宿舍里无论如何都想不通为什么宿舍的卫生要自己打扫。

过往的崇高会变成明天的负担，所以在披上无私的高尚外衣之前，不如先问问那个自私的赤裸身体，你真心愿意而并不委屈吗？如果不是，请自私地说不！

教会自己合理的自私，适当地维护自己内心的感受，实际上是一件对自己、对他人都负责任的好事。

[4]

说到底，希伯里教授所说的自私的艺术，实际上，是一种关注自我、回归自我的艺术。

它的魅力，就在于能够帮助人们意识到取悦别人不如取悦自己。

一方面因为以取悦别人为开端的行为最后都会以惹恼别人为收场，通过取悦维持的关系吹弹可破；

另一方面，取悦别人带来的自我压抑会让自己变成一个无趣之人。

想想谁会喜欢一个整天研究如何让别人高兴而失去个性的人？

谁又会觉得取悦的嘴脸很可爱呢？

所以我们与其在取悦别人的过程中得不偿失，不如更多地关注自身的成长和发展，增强自己的吸引力。

当然，自私本身并不是什么值得宣扬的美德，只是我们必须面对一个残酷的现实：

即使那些真正发自内心爱我们的人，可能也会在无意识的情况下为我们的自由设下牢笼。

一旦我们在任何的人际关系中过分地迎合和依赖他人的方式和思维，势必会失去自我的感受和看法，进而失去了内心深处真实的自己。

所谓叛逆，不过是人们面对不断被异化的压力时，做出的最简单粗暴的行为。

而所谓的自私如果掌握好尺度和一定的艺术，就能够最大限度地尊重自己内心的声音，既温和坚决地拒绝了外界异化的压力和种种可能的不适，又能够直面内心承担起自己的责任。

这个世界一个非常有意思的地方在于自我感受之于人的强大影响，没有委不委屈，只有愿不愿意，没有不求回报的无私，也没有无缘无故的爱恨。

想要获得幸福，第一步就是正视自己、尊重自己的需求，与其自寻烦恼，不如听听"自私"的声音，勇敢说不。

真正的魅力
始于你的努力

昨夜，我所在的城市笼罩着一层朦胧烟雨，百般无聊中，换上一袭水波绿裙，化了精致舒服的淡妆，到附近的咖啡厅点了杯美式咖啡，靠着落地窗坐下，欣赏着雨夜美景，惬意而悠闲地敲打着我的MacBook，好不自在。

这是我夜里第一次来这里，不到半个小时的时间，不知道多少衣冠楚楚的"伪君子"来找我出去坐坐。

咖啡厅的女生很多，但无疑，最受欢迎的是我。

离开的时候，环顾四周，不少公子哥儿还在猎艳。夜晚的这里，多了几分夜场的味道。看着那些或补妆，或玩手机，或窃窃私语的女孩，一阵无奈。

少看韩剧多看书，化妆不要靠百度

颜值决定能不能在一起，性格决定能在一起多久。这个道理，咖啡厅的女生无疑都是知道的。只是，女孩儿，你觉得你那一层粉底就能帮你傍到大款吗？你觉得你用身体能绑住一个放荡不羁的花花公子吗？你觉得来咖啡厅的猎人有多少是真心的？

我认识很多极品姑娘，明明是灰姑娘，却整日做着白雪公主的梦。梳着不适合自己的发型，化着还嫌不够奇葩的妆容，整日逛着唯品会，把自己弄得不伦不类还觉得挺美。

这样的姑娘在大学校园里不少见，还常常三五成群的招摇过市，只想弱弱问一句，姑娘，你何来的勇气？

女神是什么？美，但美得自然。不会盛气凌人，不会浓妆艳抹，笑容沁人心田，言语舒适得当，最好还有一门特长，知道不断学习。姑娘们，扪心自问，这些，你们做到几条？

你觉得看完韩剧就看懂爱情了？你觉得看完韩剧你就会撩汉了？你觉得看着韩剧的女主角你就会化妆了？你觉得百度一下发型化妆基础自己就真的是女神了？

这么说吧，赵丽颖的化妆师揣摩了三年，才以清纯美女的方式捧红了赵丽颖。你觉得，你的脸型，颜值都和韩剧女主角一模一样？你觉得唯品会上看起来高贵优雅的衣服你就真的驾驭得了？

还有，你觉得真正的男神和围在你身边的那群男生一样吗？你知道麦克白夫人吗？你和男神聊天的时候能引经据典落落大方吗？你有拿得出手的成就站到男神身旁吗？

当你足够好，才会遇到他

并不是每个人生来就是男神女神，他需要书籍的熏陶，教养的陪衬，阅历的点缀。

而成为朋友，甚至男女朋友，无一不需要共同语言为基础。没有所谓的共同语言，即使碰到一起，也只能是同学，甚至，路人。

而所谓的合适，就是相对静止。当我们遇到的时候，能力相当，我生活依旧，你也一样努力，我们都会变得越来越好，但彼此间的距离却不会因此而越来越远。

有些姑娘不以为然，我没你说得那么努力，男朋友却依旧对我百依百顺！你男朋友是男神级别的吗？你男朋友有素质有涵养吗？等你容颜不再，你男朋友依旧如此吗？

真正的魅力，不是男人说出来的，你自己争取的。二十岁的时候，你可以用容颜争得过三十岁的女人；三十岁的时候，你有气质有思想比得过二十岁的女人吗？

当你有了自己的事业，有了自己的风格，有自己的爱好和特长，有自己的骄傲和执着，你还担心没有男神喜欢你吗？花一样的年纪，干吗要把时间浪费在傍大款上呢？

真正的魅力女人，是骨子里的漂亮，外表的整洁干净。

当你做出一番事业的时候，你的成就感会让你整个人看起来熠熠生辉。

明明还有关雎尔的年龄，却一心学着樊胜美生活，为什么不向安迪那样做个有能力的人呢？

最安静的那个，也许就是最有实力的那个

一列火车上曾经发生过这样一件事：一个公司组织员工旅游，一整节车厢里都被他们包了下来。出去玩的气氛当然好，一路上这个车厢里都特别热闹，吃东西、玩牌、聊天讲笑话。20多岁的小青年中间坐着两个40来岁的男人，一看就知道是领导级别的人物。年轻的员工们不论做什么，都会让两个领导先行。喝水的时候先递给他们，吃饭时候把好菜放到他们面前，说话的时候看着他们说。

两个领导一胖一瘦，表现完全不同。微胖的领导看起来十分具备领袖素质，做游戏的时候他最积极，打牌的时候他组织，吃饭的时候他点菜，嘻嘻哈哈地和员工打成一片，员工有做得不对之处，也都是他训话。这样看来，一定是这个胖领导级别更高，更有发言权，或者是两人级别相同，胖领导能力更强。

到了晚上，员工们拿出自己带的白酒，高兴之余都多喝了几杯，酒席结束时各个面带绯色，走路飘乎乎。这时，两个男员工趁着酒劲儿，来到两个领导的位置旁，开始吐槽公司制度不合理、待遇偏低，总之把平时不敢说的都说了出来。最后，还大着胆子说了一句："假如公司再这样下去，大伙可能都要辞职。不对，假如您现在不给我们做出一个承诺，我们立刻就下车，不去了！"这段控诉一出口，胖领导的气势立刻就低了下来——显然他只是个中层领导，既没有改变公司决策的权力，也没有和同事一起吐槽公司的勇气。这时

令人意想不到的是，瘦领导站起来，拍拍其中一个员工的肩膀，让他陪自己去一趟洗手间。回来的时候，瘦领导面不改色，还是一副不喜不愠的样子。而那个员工，羞愧之中带着服气，拉着另一个"耍酒疯"的员工，喊着"别跟领导开玩笑了，玩笑开大了"，赶紧回到了自己的座位上。这时，胖领导做出一个"佩服"的手势，又竖起大拇指比画了一下："高总，您真是高啊！我进公司四年半，还没见过您解决不了的事情啊！"原来，胖领导只是一个部门经理，而瘦领导则是整个公司的总经理。

有句话说："在一群人中，最安静的那个，往往最有实力。"此话一点都不假。有实力的人往往不轻易出牌，他们最爱在角落中观察别人的举止，尤其是刚刚认识的人的言行。安静，是他们获取信息的一种手段，当一个人拥有足够多的信息时，他们的决策往往更不易出错。另外，在人群中安静地坐着，其实也是在积蓄力量，这样当有重大的事情发生时，他们才有足够的处理好的能力。所以，在人多的时候，我们往往要注意那个一言不发的人，而不是大声招呼、张扬外露的人，这样的人通常只是重要人物的一个马仔，或者是一个故作聪明和故意装作自己很有号召力的人。

依据这个规律，我们也可以得出这样一个结论：如果你想成为一个更有实力的人，那么你要学会的既不是"动"，也不是在行动中强大自己，而是必须先学会"静"，以静制动，在安静中默默地积蓄力量。你越想使自己变得强大，就越要懂得让自己归于安静。于安静中崛起的人，才是最强大的人。

人的天性中，有一种希望得到别人的认可和赞美的欲望，因此我们在别人面前都会有表现的欲望。那么，如何克服这种与生俱来的欲望，在人群中能够保持沉默、不张扬呢？

首先，我们要有这样一个心理建设：不管在人前表现多少，除非你是有特异功能的高人，否则你的表现都不会被别人真心赞赏，你过分高调反而会让人觉得反感。所以，表现并不能让别人喜欢。相反，沉默的人恰恰会让人觉得修养较好、有礼貌、文质彬彬。这样看来，说还不如不说。

这就要求我们，在人多的场合，能少说则少说。别人谈论话题时要认真倾听，适时微笑即可。而有必要让自己表态时，话语简单明了为好。网络上流传一句话：一个女人的魅力在于她是个谜，而不是夸夸其谈。女人尚且如此，男人就更应遵守"沉默是金"的定律。无论男人还是女人，口若悬河都是让人讨厌的一种特质。不信的话，你可以试一试，减少自己的表达，多将注意力放在倾听上，你一定更讨人喜欢。

一个男人参加了一个陌生人较多的舞会。他不善于跳舞，当天也因工作问题心情欠佳，因此一直坐在角落里喝闷酒。这时身边凑过来一个漂亮的女人，看着他说："你也失恋了吗？"男人还没来得及说话，女人就坐在了他旁边的椅子上，开始倾吐自己满腹的口水，包括自己爱对方有多么深，为对方付出了多少精力，包容和忍让了对方多少，但最后对方还是离开了自己。她觉得这简直不可思议，觉得自己是天底下最苦命的女人……

男人沉默地听着女人的长篇大论，一言不发，直到两个小时后，女人自己停了下来。她一脸轻松，满带感激的神情对男人说："你真是一个很好的男人，和你聊天简直太开心了！"最后她甚至留下自己的电话号码，表达了对这个男人的好感。男人心里也波涛翻涌，并不是因为得到漂亮女人的喜爱，而是感慨自己也能做一个特别好的聊天对象。要知道，以前的他在别人眼中可是一个絮絮叨叨的"贫嘴男"啊！

接着说我们的技巧。在我们闭嘴不言的时候，千万不要觉得可以放空自己、走神、想自己感兴趣的事情。这时，我们要观察那些在说话的人，要认真听他们话中的意思。如今社会上有很多人，并不会将自己的意图表达在字面上，而是隐晦再隐晦，让人花费心思去猜。而这个处于沉默中的像旁观者一样的人，就很轻松地猜出对方的真正意思。比如说，今天是你请客叫了几个人吃饭。吃到一半，有个人说起自己曾在某某饭店吃过的某样食物。他可能不会夸这样的食物多么好吃，却总是反复提起。这时你要明白，多半是他对你点的菜不喜欢，想再加一道他说起的菜或者类似的菜。如果人家提了一句某种食物很好吃，你也傻乎乎地赶紧附和说"没错很好吃"，而不做出任何行动，对方心里一定会想你是个笨蛋或者是个小气鬼。

在别人说话的时候，静下心来听，尤其要听明白对方话语背后的意思，千万不要打断他，也不要急着加入他的话题。这样，你往往能感觉到对方的真意，并且你也能总结出这是一个什么类型的人，喜欢用什么方式与其沟通。当你能把认识的人的处事方式都进行一番了解后，你会发现只要用对了适合对方的方式，不管和谁沟通都是小菜一碟。

以前我们认为，在一群人中越能吃得开的人，越是有能力，人缘越好。可实际上，那些见谁都好像很熟的人，越是没有几个关系铁的朋友；而那些在每个小圈子里都很活跃的人，往往并不被多少人欣赏。那些看上去总是特别安静、很少发表自己见解的人，看上去或许有点笨，但他们往往是最厉害的人。因为他们懂得"大智若愚"的道理，他们也懂得，在娱乐中显示自己的水平并不重要，关键是要在生活的大事中、在危机时刻，能够力挽狂澜，才是一个真正的牛人。

别让你的散漫负了这大好奋斗时光

[1]

我一直觉得博叔完全是个人生赢家。

28岁之前,他的人生好像一辆直达车。老师满意,父母骄傲,朋友羡慕,同学嫉妒。本科土木,硕士旅游,目前工程管理博士在读。做过外贸,干过石化,当过导游,带着一群黑脸白脸黄脸的人各地游走。现在专职大龄学生党,兼职背包旅行客。

得空练得一手好字,画几幅小画。大多数时候,都是独自一个人,背着一个大包,带着一台相机,穿梭山川湖海,停留于烟火人家。

这一年,他边走边学,去了11个城市。在路上,他遇到一些想要逃脱职场的小年轻。有些人迷茫,有些人困惑,有些人觉得每天很累,却依旧一事无成。

博叔说,古人告诉我们,要学会吃苦。吃得苦中苦,方为人上人。但是,很多时候这个苦吃了,是不是有意义,只有你自己明白。

职场上,没有眼泪,也不相信苦劳,只有功劳才能衡量你的价值。随时记得提升自我价值,为你自己创造价值,为企业创造价值。还有,如果一个地方一年下来依旧只让你做杂事,根本没有提升自我价值的学习机会,这个时候,也应该适时停下思考未来想要走的路了。

博叔一直是个高效能的人。前两年在一线城市和一众年轻人厮杀，他有所得也有所失去。他明白，所有的幸运都是努力的结果。在职场上，他专注，忍耐，拼搏；在生活中，他随性，自在，洒脱。

后来，很多人都疑惑，为什么他放弃了那么高薪的职位，又回到学校。

他笑笑说，关于生活，有钱有闲是一种，活得简单、心安也是一种。

所有人都觉得他是一个潇洒的人。用他自己的话来说，人生跟你共度最多的还是你自己，所以尽力让自己成为一个有点意思的人吧。

他热爱他的工作，所以拼搏。他热爱他的生活，所以努力。也许，正因热爱，才会得到自己想要的自在。

这一年，他去了这么多城市，看过那么多风景。在路上学会了法语，在路上兼职赚钱。

也许不是每一种人生都金光灿灿，但是，这样的人生却是他想要的。这一年，他说，过得还不错。

他走到哪都会带着《小王子》这本书。圣·埃克苏佩里在书里告诉所有的大人，生活才不是生命荒唐的编号，生活的意义在于生活本身。

[2]

小泽回到三线小城，找到了一份工作。

这一年，对她来说是挺折腾的。这一年，她换了两份工作。这一年，她成了别人眼中"不务正业""不思进取"的人。

在第一份工作离职的时候，HR姐姐说，你这样的人放在北上广分分钟就是死。小泽非常不理解，难道去了北上广吃苦的人生就是好的？不能承受北上广压力的人生就是坏的？

她家在三线小城，有爱她的父母，家境虽说不上富裕但也还不错。虽然回到了小城，但是工作后的她从来没有拿过父母的钱，靠着自己的能力，交房租，养活自己。靠着写点小文章，每月会多个几百块收入，还能邀请三两好友下个馆子，喝点小酒，吃点小肉。

她一直不明白那位HR对她说的话，她不明白为什么一定要去大城市拼搏才算是拼搏，小城市的努力难道就没有意义吗？她也不明白，在小城市生活的人生就是浪费吗？她不想去北上广就是没上进心吗？

她不明白，却也不在乎。因为，她知道这一年自己过得还不错，虽然折腾地换了两份工作，但是每一次都有所成长，有所收获。刚毕业的她，现在的工资收入已经能养活自己了；每个周末都能回家，吃顿爸妈做的饭菜，陪他们聊聊，偶尔还能出去旅行。她很满意这样的状态。

她说，这一年最开心的就是拿到了稿费。那是别人瞧不上的小钱，但是积少成多，一年下来，终于能给妈妈买一件不错的衣服了。

这一年，她回到小城市。没有血雨腥风的厮杀，但是，她依旧在努力。努力让自己变得更好，努力让自己变得更专业。

就像作家麦家所说，生活大半的意义在于寻找和发现生活的乐处，不用着急追赶，时间会毫无保留地把未来给你，把年老给你，把智慧给你。

嗯，自己的人生，就让自己来定义吧。大城市，或者小城市，只要是你追求的，便是你自己的人生。

[3]

你呢？这一年，你过得怎样？年初定下的目标，现在是否都完成了？

无论是在北上广，还是在小城市，你是否一直在努力，不曾辜负这一年的时光？

很多时候，我们总觉得日子不如人意，生活上一团糟，工作上一事无成。有迷茫，有苟且，被否定，被怀疑。但，如果你还是那个努力向上、生气勃勃的自己，不也是一种成长吗？不也值得鼓掌吗？

就如哲学家尼采说的那样：也许你感觉自己的努力总是徒劳无功，但不必怀疑，你每天都离顶点更近一步。

然而最怕的是，你没有任何计划、没有思考地去努力，那也许都不算努力，只是看起来很努力。

这一年的余额不足10%，希望，我们都能大声说，没有浪费今年的美好时光，我们都能成为更好的自己。

[没有那么多来不及，你只要珍惜现在就好]

如今三天两头就可以听到谁谁谁又辞职创业去了，谁谁谁又辞职当自由职业者去了……这个世界有时候会陌生得我都不认识了，我总听到他们在呐喊："再不做就来不及了！"好像我不马上去做点什么都对不起自己一样。

不知道这究竟是好事还是坏事，100个人里总有那么2个人会用实际行动来告诉你他做了一件对的事情，剩下的那98个人会告诉你"我不后悔"。围观的人见证完之后总是会选择相信自己会是那2%的人而蠢蠢欲动、欲罢不能。

我不禁想问，你总说你想去看看这个世界，可是难道你的同事、朋友、家人不是你世界的一部分吗？不用说多花点时间看看你的同事，你的朋友，你的家人，你连多陪陪自己的时间都不愿意给。

所有人都呼之欲出的时候，希望我们还能安心蛰伏，安心做自己。

真正的热爱是你愿意投入比别人多的时间和精力

　　　　　　　　　　　　　　　　　　　　　致自己

听到身边有人大龄跨界进入一个全新领域从头学起的时候，除了赞叹他的勇敢外，总是忍不住问自己，我正在做着一份自己热爱的事业吗？我有勇气做这样的跨界尝试吗？我愿意为了我热爱的事业蛰伏多久？

下午收到来自业界一个很不错的购物中心寄来的合作合同，打开快递档案袋时，精致的装订、特殊的纸质以及严谨的排版细节无不让我们感叹，不愧是一流的购物中心，和一些普通的商场做法形成了鲜明的对比！这时候P总从会议室走出来刚好听到我们在讨论，他说这些都是一家优秀的公司最基本的"素养"。这时候他说起他在太古汇当招商总监时，有次拿着一份文件去给上级签字盖章，他的上司在浏览的时候发现文件顺序被打乱放颠倒了，直接把文件丢还给P总，当面呵斥："P，你是第一天在太古汇上班吗？以后如果再出现这种问题，对面的×××物业还在招人（一个很低端的物业）可以去那上班。"

"那是来自中国最一流的购物中心对员工的基本要求，无关职位和阅历。希望也是你们对自己的要求。"P总说。

在我们迫不及待展翅高飞的时候，可别忘了养精蓄锐，准备好枪支弹药。我们写的每一篇文章，说的每一句话，递出去的每一份文件，制作的每一个成品，都是我们自己。蛰伏期，你在做什么，就将成为什么。

我们遇见的人都刻画着我们

致朋友

列车朝着远方前行着。有人上车有人下车，他们或陪你走过春夏秋冬，或过站就下，正如我们会因为一个同行很长一段路程的朋友的离开而难过，我们也会因为一个志同道合的同行者的到来而雀跃。

携手前行是最不易错过对方的状态。我的很多挚友都源于大学时期，那会儿我们因为参加一场比赛而熟悉继而成为很好的朋友，后续我们无论参加什么活动、比赛都会想着邀请对方一起参加，有一拍即合一起创造课程作业，当然也有对方不愿意参加被强制报名的户外越野，过程中会有很多碰撞，而结果是大学四年我们总是同步的，我们知道对方的喜好、潜力，更知道对方的理想和远方。不知不觉，你帮我拓宽了视野，我帮你增长了见识。

不是远方，是眼前
致家人

我们会培养自己的下属，会培养自己的朋友，却经常忘记培养我们最亲的家人。

听到你在抱怨说，小时候和爸妈总是有说不完的话，长大之后发现除了唠叨的关心以及应付似的回答好像没有其他。为什么呢？那是日积月累的鸿沟。家人问你工作状况时，一开始你觉得没啥可说，后来你觉得说了他们也听不懂，再后来就真的听不懂了，最后的最后就真的无话可说了。你愿意在外面和你的朋友一次又一次的逛街吃饭，也不愿意每周花点时间给你爸妈打个电话聊聊彼此。可是你知道吗？有人就在做着你无法想象的事情，她会影响爸妈看书，影响爸妈运动，她还影响爸妈一把年纪了还谈恋爱呢。一直记得有天一好朋友和我说，她爸妈最近又出国徒步了，走之前还对她说："你过得那么精彩开心，我和你爸爸也要好好锻炼好好生活，绝对不成为你的负担！"

结婚之后似乎我们所有的私人时间都有另外一个人分享，一开始会有说不完的话聊不完的梦想，会欣赏彼此的浪漫、上进、与众不同。慢慢的，会麻木，会习惯。可是也有人在做着你又无法想象的事情，他们彼此互相促进互相陪伴，两人既是伴侣又是战友，在对方低落的时候给予支持和爱的温暖，在对方傲慢的时候提醒对方内敛谦卑，在对方进步的时候一起享受那份喜悦。

希望这些都是你，爱自己，爱朋友，爱家人，当然也爱这个世界。

你的孤单是因为你缺乏对生活的自控

[1]

撇开无知的孩童时代，我的第一段友谊开始于初中。它极其正规，对方是班里的学霸，才貌双全，人见人爱。长得花容月貌也就算了，还七窍玲珑，七窍玲珑也就算了，还勤奋刻苦，每学期的年级第一都是她。以至于全校的男生都组成英雄联盟，抱着团地想超过她。我当时无知者无畏，身为她的同桌，近水楼台先得月，和她成了无话不谈的好朋友。

现在回想起来，我的职责大致分为以下几类：陪她上厕所，帮她发作业，替她挡情书。那时的我没什么等级意识，也还没太弄明白"自卑"的滋味，就这样豪情万丈地跟在她身后，她指东，我美颠颠地跑到东，她指西，我就立马掉头奔向西。直到有一天下晚自习，她的车链子掉了，眼看暮色低垂，她家又远，我急得气喘吁吁地去求助，早就饿得饥肠辘辘的男生们以为是我的车，毫不在意，直到听见胡同深处她的化骨绵声，才争先恐后地扔下车奔着她的黑影跑去。

昏黄的路灯下，我第一次感觉到我们俩是那么的不一样。多年后看到《甄嬛传》里的安陵容，虽阴险冷酷，但那句"姐姐你什么都有"，到底辛酸。

就这样，我开始重新审视我们的友谊，开始发奋努力。

但是生活不是连续剧，丑小鸭最后能变成白天鹅，不是因为它有多勤奋，而是因为它是一枚天鹅蛋。

我努力了两年半，最好成绩是全班第9，物理还会偶尔挂科，身高至今也没超过158，所以到了初中毕业，还是没有人愿意为我修车。但她已经早早地被内定报送本校高中精英班，家里挂着爷爷和国家领导人的握手照，假期还会和父母漂洋过海走亲访友，我们注定不是一个世界的人。

老子说"企者不立，跨者不行"，绝对是真理，上赶着不是买卖，这句话不单单适用于爱情。

就这样，我目送她渐行渐远，亲手埋葬了我在友谊道路上的初恋。

很多年后，她惊鸿一瞥地出现在某本杂志里，我才知道她大学读的是外交学院，一年后就被保送到美国深造，连年的全额奖学金，某萨俱乐部会员，现在任联合国某公益机构秘书长。

这样的成就我一点都不吃惊，在她的人生轨迹中不可能有半点我的位置，或者说我没有能力与她同行太远。

在我思量报一本还是二本的时候，她在世界各地游历参观、留学讲演。在我计算工资涨了三百还是五百的时候，她装修着伦敦近郊的别墅，喝着西班牙的lamancha，在我左手铲子，右手键盘的时候，她考下了飞行员和深潜证。

这样的友谊即使当时没有悬崖勒马，大抵也逃不过无疾而终。我只是凭借一己之力大大缩短了中间的过程。

[2]

工作后我一直小心谨慎，君子群而不党，在女人多的地方最好就是无帮无派，孑然一身。

我独行了很久，竟然在一个艳阳高照的下午沦陷了。新来的同事是一个辣妹，有着凹凸的身材和火辣的台风，和我的小格子一步之遥。于是她迅速划定了自己的势力范围，像紫霞仙子一样随手一个圈，把我也圈了进去。此后吃饭下班必须报备，男的不管，只要和女性同事单独出去，都要带上她，以示我俩对友谊的忠贞。

她对我极好，记得我生日，我妈生日，我姥姥生日，我儿子生日，统统精心DIY亲手制作小礼物，搞得三姑六婆都知道我有一位惊天地泣鬼神的资深闺蜜，我俩情比金坚，海枯石烂。我从没被人如此重视过，记忆里第一段友谊带来的精神创伤瞬间被治愈，我成了那个发号施令的主导者。

有很长一段时间我都非常享受这种感觉，我觉得我太幸运了，而立之年不仅有体贴的老公，懂事的儿子，还有如此珍贵的友情。

慢慢地我发现，其实我更喜欢和冷静平和的人待在一起，热情让我害怕，因为我付不出同等的热情。

这位辣妹太年轻，她当时选中我是因为我们办公室座位邻近，这种不负责的"闪婚"后患无穷，随着认识的不断加深，我们的兴趣爱好相去甚远。我是宅到家，她是走天涯，我是泡灶台，她是混吧台，在如今两年一代沟的严峻形势下我们的共同语言越来越少，相见不如怀念，没话找话的尴尬实在难堪，以前强制性的每周一聚慢慢拖到一个月，半年。再后来她有了新的圈定对象，再后来我俩见面只剩寒暄，再后来偶尔联系只剩点赞。

我开始意识到在爱情不易的今天，友情也难一帆风顺。两个人要想成为莫逆之交必须要门当户对，这不单单指家世身份，年龄血型，还有价值观、人生观、星座观都得匹配，否则就会一同出发，两头到岸。

[3]

　　第三段友谊发生在三年前，我因为儿子上学搬到了母亲家，碰巧和一位其他部门的同事做了邻居，我俩窗户对窗户，楼门挨着楼门。有时她妈包饺子，一抬脚的工夫就送到了我的餐桌上，别人送了好酒好烟，我也惦记着给她家一份。

　　慢慢的，我俩日出而作日落而息，一同上班一道下班，一辆车载着我不太肥硕的身躯风里来雨里去。有一天下大暴雨，我打不着车，她非要骑车带我回家，狂风肆虐，吹得我俩东倒西歪，她还回身帮我压着我的简易雨衣，怕我着凉。看着她凌乱的背影，湿漉的头发，被我禁锢在内心深处的友情又蠢蠢欲动死灰复燃，我以32岁的高龄开启了一段认真的友情，这一次，我觉得又可以相信友情了。

　　她是个很实在的姑娘，交给她办的事情你可以放一百个心。可惜有些矮胖，容貌不算上乘，以至蹉跎到现在。她妈妈明里暗里托了我爱人好几次，要他在单位给物色个合适的对象。我家那位属于腼腆型，自己的事情都不好意思打听，更不要说是敏感话题了。慢慢的，阿姨心里起了嫌隙，觉得我们不卖力气。

　　之后我在单位越干越顺，职务越升越高，年底被派到美国分公司培训。她本也是竞争对手之一，后来因为还处在未婚，发展方向不明确在最后一刻被刷了下来。此后她成了负能量离子团，在单位就像怨妇一样地细数周围人的种种不堪，稍微增加一点工作量就上纲上线推三阻四，回到家就马不停蹄地四处相亲，遍地撒网，可惜年龄太大屡战屡败。

　　我看她这样心里很不舒服，好容易找到了个年龄合适的小伙子介绍给她，又因为她发现男方只是个大专生而怒发冲冠，找我理论了半天。她冰冷地看着我，说我总是高高在上，说我一直瞧不起她，说我故意找了个大专生来羞辱她。她一件事一件事地和我对质，自顾自地分析我每一句话背后的深深恶意，推测我尚未说出口的无礼和轻视，我听着这些话，脑海里浮现出了那个大雨里无比坚强的背影，那些热气腾腾的饺子，还有友情被唤醒时的那种温暖与踏实。

[4]

毫无悬念，我又重回孤独，在与孤独纠缠恶斗的三十年里，我却发现此刻没那么害怕孤独了。

我们恐惧孤独也许只因我们对生活对自我的失控。

我的每一段无疾或有疾的友情都死于我心中的迷惘和彷徨，我们不敢单打独斗，可是结伴而行又太多牵绊约束，稍不同步就会前功尽弃两败俱伤。

经历了这三段无疾而终的友情，我才明白，以"友谊"为名的交情大多刻意负累。岁月沉淀，不持执念缺留在身边的才是知我懂我的人，我们在似水流年中偶有交集，淡淡的静静的彼此关怀，各自修行。辽阔必然疏远，这是我们友情的墓志铭。

放下你的浮躁不安，努力做好你现在做的事再说

[1]

我们才20岁，却开始担心，这辈子是不是遇不到，我喜欢，也喜欢我的人了。

20岁的她，没有谈过一次恋爱，唯一一次长达四年的暗恋也被无情拒绝，那一刻她对未来所有的美好幻想都化成泡沫。从那以后，她连唯一的念想都被现实一一吞没。她关上了爱的心门，不敢再爱，也害怕接受爱，越到后来她越担心，担心这辈子是不是遇不到她喜欢的，也喜欢她的人了。

20岁的她第一次恋爱，经验不足，还没到一个月便怀上了孩子，悄悄去小诊所做了人流后才知道自己遇上的原来是渣男。

这对一个第一次谈恋爱的女孩来说几乎失去了生活下去的勇气。事发后的她得了抑郁症，后来，她的朋友带她去求助心理咨询师。

见到咨询师后，她依旧不肯说话，整个人像废了一样，没有一点精神。

咨询师把她带到一座高楼上欣赏风景，而她却站在原地不敢前进。咨询师向她描述了她所看到的美景，并且召唤她走近。

她怕高，也怕死，脚步挪了几步又停止。咨询师只好慢慢牵引着她。咨询师感觉她的手心在出汗，腿脚不停地抖动，额头上也出现了滴滴汗珠。

那是她第一次体验站在高处的感觉，清风吹过，一切景物尽收眼底。这

一刻，她突然发现，原来从高处往下看并没有那么可怕，只是一直以为自己不行，所以就真的不行。

最后心理咨询师笑着扔下一句话：人都是有弱点的，之所以无法克服，是因为我们总在担心。你才20岁，未来的路还很长，以后你一定会遇到那个你喜欢他，他也喜欢你的人。

后来，她到了三十岁，遇到了一个男人，一个不介意她过去的男人。她不知道未来还会有怎样的艰辛，只知道，现在的她应该勇敢抓住眼前的幸福。

我们总是因为一些挫折就过早地为自己的未来下结论，其实我们才20岁，我们的人生才刚刚开始，还有太多的未知，为何要将人生的那些可能性提前框死呢？

[2]

我们才20岁，却开始担心，这辈子是不是再也没有机会实现自己的梦想了。

我和嫣然是在一次旅行中认识的，从那次旅行后我们得知彼此的大学离得很近，后来我们便成为了志同道合的朋友。

嫣然和我一样都是热爱文学的人，我们从四书五经谈到国学大师，我想，这辈子能遇到这样一位知己乃是人生的一大幸事。

最近这一学期，我感觉嫣然完全变了一个人，她不再像以前一样努力学习，好好沉淀自己，而是不停地逃课，与我也是很少联系。我不知道她究竟在干些什么？

上周末，我好不容易找到她，想找她好好聊聊，可她总说赶时间，要去做兼职。

那天我一直等到她做完兼职回来。我问起她为什么不去上课？她显得很疲惫也很不耐烦，我的一再逼问下，她终于忍不住把所有的委屈向我宣泄。

她说："你知道我为什么要拼命赚钱吗？那是因为我穷怕了。"

"那你的画家梦呢？"

"画家梦？"她朝我笑了笑，无奈地说："当一个人的生活支撑不起他的梦想时，他就会担心自己的才华是否能够支撑得起自己的梦想？曾经我也以为我可以实现它，可是现在，我都20岁了，还没有做出一点点成绩，别人耗得起，而我耗不起，我担心啊！"

看着她的样子我很心疼，我把肩膀借她，让她安静地发泄。

是啊！我们都20岁了，还没有做出一点点成绩，对于我们这种耗不起的人来说，肩上的担子让我们不得不担心很多事情。

我记得齐白石从小家境贫困，世代务农，仅在12岁前随外祖父读过一段私塾。他砍柴、放牛、种田、什么活都干，12岁学木匠，15岁学雕花木工，挣钱养家。27岁才开始正式学画画。这个时候所有人恐怕连他自己也不会想到，日后会成为一代大师，获得一连串荣誉。

而我们，我们才20岁，却开始担心，这辈子是不是再也没有机会实现自己的梦想，这些，是不是有些为时过早？

[3]

我们才20岁，却开始担心，没有事业，没有爱情，这辈子是不是就无法获得成功了。

史密斯最近一段时间迷上了看各类求职节目，每次看完他都会焦躁不安，他说："你看他们，同是20岁左右，同是大学生，为什么他们的大学生活就能如此丰富，做过各种各样的兼职，还获过各种各样的奖，再看看我，整个大学好像什么也没得到，要是我上去求职，第一轮就啪啪啪全灭了。"

后来史密斯也开始在网上尝试各种兼职，不过最后都只有短短几天就结束了。

史密斯问我："我都20岁了，没有事业，没有爱情，是不是我这辈子就无法获得成功了？"

我记得板仓先生在为毛泽东解惑时说过："大学就应该做到，修学储能，先博后渊这八个字。"

20岁的年纪，每个人都会有自己的责任，适当的社会经验当然可以帮助我们获取更多的知识。不过我们既然选择了继续求学，就应该以学业为主，好好沉淀自己，丢弃浮躁，不要让20岁那些多余的担心影响了你储能的大好时机。

[4]

人都说：20岁是一个尴尬的年龄，不像早恋一样不顾一切，不像工作一样那么稳定，不够成熟也不够幼稚，没有能力却有野心，自己都还不稳定，怎么敢爱人。

而我想说：20岁其实并没有我们想象得那样复杂。20岁应该是人生最美好的年纪，所有的一切都还刚刚开始，多余的担心只会让我们变得越来越浮躁，并且停止前进的脚步。

老子在《道德经》里说："无为、无事、好静"很多事情不是不做，而是不违反事物的本性和规律。每一个年龄段都有需要做的事情，20岁也是如此，那些所谓的担心都会在我们人生的成长中一一得到答案。